紙 — 昨日・今日・明日
日本・紙アカデミー25年の軌跡

日本・紙アカデミー 編
思文閣出版

装丁　岡　達也

伊部 京子
Emory University Hospital, Atlanta USA, 2005
ロビー 1500 ㎡ ×H:15m アクリルコート紙

京都工芸繊維大学造形工学課程学生
「瞬－Shitsurai」, Milano Salone, 2006
3m×14m

序文

　あらためて言うまでもなく、紙とはわれわれの日常生活に密着したものである。インターネットが普及して、日常的な伝達がEメールでおこなわれ、紙を媒体とせずにさまざまな情報を手に入れることができるようになった今日でさえ、紙が存在しない日常生活を想像することはできない。

　ペーパーレスが声高に叫ばれていた時期、Eメールの普及とともに年賀状も減ってゆくと考えられていた。しかし、Eメールの爆発的な普及にもかかわらず、いまでも年賀状が激減したわけではない。さらに、近年は、手書きの手帳が見直され万年筆のための特製便箋が好評を博している。また、電子図書が普及する一方で、文庫本の古典文学はあらたなカバーデザインで売れ行きが回復している。つまり、緩やかな流れとしては徐々に紙の使用量が減っているとはいえ、つまるところ、われわれは、紙を手放すことなどできないのだ。

　このことは、紙が人びとの生活に深く根づいていることを意味している。われわれがなにかを記録し、伝達し、表現するときに紙を手にするのは、なにか根源的なものに突き動かされているかのようである。それは、人が火を使うようなものだ。火の存在を知った人類は、さまざまに火を使い、生活を豊かにしてきた。紙も同様である。火が根源的であるように、紙もまた根源的だ。紙が自然には存在しないものであることを考えれば、人類が生み出したもっとも根源的なものが紙であると言ってもよいだろう。そして、火が人類に文明をもたらしたように、紙は人類に文化をもたらした。

　本書は、「日本・紙アカデミー」設立25周年を記念して企画された。本書中でも詳述しているように、「日本・紙アカデミー」は、国内外から

500名をこえる紙関係者が集まって開催された1983年のIPC'83 KYOTOの成功を受けて、1988年に設立された。設立の趣意書には「人類の偉大な産物としての紙は、まさに新しい変革に遭遇しつつある」として、この変革の時期に「日本・紙アカデミー」が「世界の人達の要望によって」設立されたと高らかに宣言されている。

　この宣言からもわかるように、紙の製法の確立や生産、紙のリサイクルの可能性、紙を利用したアートやデザイン、産地ごとに固有の顔をもつ和紙の製法など多様なアプローチから紙にかかわってきた人びとが集まったこの「日本・紙アカデミー」の基本にあるのは、紙が生み出した「文化」をさまざまな角度から分析し、理解しようという思いである。つまり、物質的な存在である紙が、じつは人間の生活を内面から支える精神的なものでもあるということへの熱い確信だ。だからこそ、紙の製造や使用に関する歴史的な興味や紙の再利用についての化学的なアプローチ、さらには紙そのものを活用した芸術表現が可能であり、また、必要でもあるのだ。このことは、本書の構成を見ていただければおわかりいただけると思う。

　「日本・紙アカデミー」は、設立から四半世紀の足跡と成果をここにまとめて、一旦、再出発に向けての燃料補給期間にはいる。めまぐるしく変化をする社会にあっても、紙をめぐる文化の多様さ、多彩さは、これからも減じることはないと思う。そこにおいて新たに紙の存在を確認してゆく作業が、それぞれの会員の課題となる。それを経たうえで、つぎの一歩を踏み出す日を期したいと思う。

2013年夏日
並木 誠士

目次

序文　　　　　　　　　　　　　　　　　　　　　　　　並木 誠士

第1部　戦前から日本・紙アカデミー創設まで

和紙振興の取り組み　　　　　　　　　　　　　　田村 正　　002
和紙の復興に立ち上がった文化人の活動　　　　　伊部 京子　006
東京での和紙文化振興の経緯　　　　　　　　　　辻本 直彦　009
IPC' 83 KYOTO　　　　　　　　　　　　　　　　 伊部 京子　012

第2部　日本・紙アカデミーの25年

日本・紙アカデミー組織概要　　　　　　　　　　伊部 京子　018
　　　　　　　　　　　　　　　　　　　　　　　鈴木 佳子

第3部　紙のいま、紙の明日

第3部-1　技術の継承

紙の保存性と被曝した紙資料の取扱　　　　　　　稲葉 政満　032
紙を飾る日本—和紙の技術的特徴　　　　　　　　増田 勝彦　038
和紙の展望　　　　　　　　　　　　　　　　　　長谷川 聡　043
修復における和紙の役割について　　　　　　　　宇佐美 直治　048
パピルスの時代に、靱皮繊維を用いた紙は存在した?!　坂本 勇　055
金泥経と紙—天平金泥経に先人の知恵と技術を探る　福島 久幸　062

第3部-2　芸術表現と紙

日本美術における紙と絵画	並木 誠士	066
芸術表現と紙——紙のアート表現と可能性	小山 欽也	072
表現の手段としての和紙の可能性	五十嵐 義郎	077
美濃・紙の芸術村	須田 茂	080
「和紙」と「ファイバーアート」	ジョー・アール	083
紙とデザイン教育	中野 仁人	089
インクジェットプリンターを使った作品制作のためのカラーマネジメント	辰巳 明久	095
紙はリアルな物質である。	竹尾 稠	101

第3部-3　紙と化学

「和紙」と「雁皮の靭皮繊維」の化学	錦織 禎徳	105
紙と水	大江 礼三郎	112
古代紙に使われた繊維	宍倉 佐敏	117
伝統工芸のグローバル化	藤森 洋一	121
紙のエコロジー——紙は環境を破壊するのか？環境を保護するのか？	岡田 英三郎	126
野菜の紙	木村 照夫	134

第3部-4　紙の未来

「紙の文化学」から考える紙の本質と未来	尾鍋 史彦	141
紙の明日——リアルペーパーと電子ペーパー	中西 秀彦	148
アメリカにおける和紙——昨日・今日・明日	片山 寛美	153
固有の潜在力を有する「製紙産業」とその将来	辻本 直彦	157

執筆者紹介

索引

第1部

戦前から日本・紙アカデミー創設まで

第1部
和紙振興の取り組み
田村 正

1　技術改革の台頭

　万延元年（1860）、吉井源太の大型簀桁（すけた）考案で、生産拡大へ向かう我が国の近代和紙の歴史が幕開けした。

　吉井源太は新時代が要求する紙に誠実に対応するために、ペン書きに耐えられるようにインキ止めの和紙を考案し、また、輸出用和紙生産を始めた。土佐の気候に合う三椏（みつまた）栽培を奨励し、紙漉き道具、多品種にわたる製紙、和紙三大原料の三つの改革を進めた。明治31年（1898）『日本製紙論』を上梓すると全国から紙屋が吉井を訪ねたり、本人自ら巡回指導を行い、各産地の技術渇望に応えた。こうして、紙屋自身による第一次技術改革を推し進めたのである。

　明治維新後の我が国は、西欧諸国にならい近代化を推し進めた。すべての産業需要が急激に拡大するなか、紙産業界も紙需要に応えるために、明治5年には洋紙生産工場の操業を東京や京都・大阪などで始めた。しかしその生産量は僅かであり、我が国の資本主義経済の基礎を作ったのは、紙屋のような庶民的な伝統工芸産業であった。明治10年「西南の役」による情報伝達が、手彫り・和紙の瓦版から印刷機・洋紙による新聞需要に変化していくように、徐々にではあるが洋紙の生産量も増えていった。明治30年頃でも、和紙の生産量は洋紙の4倍を優に超えていた。明治34年農商務省統計による紙屋の生産戸数は68,562戸を数え、20世紀初頭の年を最盛期として迎えた。

　同36年小学校の教科書が国定化され、用紙が生産量の安定してきた洋紙に変更された。厳密な科学的検査規格もこの時に始まり、各産地でそ

れに合わせるように紙業組合を組織し、組合による製紙試験場の設立も担い始まった。のちに、民営の製紙試験場は県立など公立に移管されていった。明治時代の終わりには機械漉き和紙生産も始まり、紙屋を取り巻く環境は、科学的知識も必要な第二次技術改革を迎えていくのであった。

　佐伯勝太郎は、大蔵省抄紙部長であり科学者の立場で、明治37年『本邦製紙業管見』を著した。本書で佐伯は、零細な紙屋の現状を憂い、紙屋の団結を求め、紙商からの独立をはかるという指導を進めた。大蔵省印刷局抄紙部は、全国から百数十人にのぼる練習生を募り最新製紙術を学ばせ、試験場の技師、巡回講師、工場の経営者など次代の製紙家を育て、佐伯の護民官的思いは、のちの製紙試験場の一部の技官の心に脈々と伝えられていったのである。後述する全和連や青年の集いの設立、『和紙研究』の発刊の動機として、護民官は継承されていった。

　大正時代に入り、和紙と洋紙の生産量は同一となるが、その後一気に洋紙の生産は増え続け、「紙は文化のバロメーター」の言葉通り、日本の製紙生産量は世界第2位までに拡大していった。

2　経済発展期の成熟社会

　小路位三郎は昭和32年（1957）から晩年の同46年まで全国製紙技術員協会副会長、のちに会長を務め、全国の製紙試験場の技官に護民官の心を伝え続けた。昭和36年2月に開催された「全国手すき和紙展」では、製紙試験場長の立場で、紙産地16県・通商産業省・農林省・中小企業庁・全国製紙技術員協会・全国和紙協会の共催としてまとめあげた。この和紙展がきっかけで全国の和紙産地は自立を目指し、昭和38年「全国手すき和紙振興会」が結成され、その後、昭和44年の第7回大会より、名称を「全国手すき和紙連合会」（略称・全和連）に改めるのだが、第3回大会から護民官として製紙試験場が関わりを深めた。それは振興会の事務局を製紙試験場に置いたことでも分かるだろう。会長職には、小路が場長として赴任した埼玉県、或いは鳥取県からの選出が続いた。小路は試験場を退職後も、全和連の指導などを続けた。

　経済産業省は昭和40年代に入って、高度成長に伴うひずみが表面化するなか、大量消費、使い捨ての機械文明に埋没した生活に対する反省を促すことで、伝統的なものへの回帰、手仕事への興味、本物指向を目指

すことを提示した。一方で、後継者の確保難、原材料の入手難などの問題を抱える伝統的工芸品産業が、産業としての存立基盤を喪失しかねない危機に直面した。そこで昭和50年「伝統的工芸品産業の振興に関する法律（伝産法）」を制定し、因州紙を伝統的工芸品に指定し、続いて紙産地9か所を順次指定した。また、産地に伝統工芸会館の建設を勧め、助成を行うことで、800戸余りになった和紙産業の活性化を後押した。

3　誇りと自信の黎明期

　文化財保護委員会は、小路に伝統的和紙の全国調査を委嘱した。昭和39年3月、第1回調査を福島・山形・宮城で行った。同39年文化庁に入省した柳橋眞は、入省1年目の冬に小路に同行し、第2回「伝統的和紙の調査」に参加し、和紙産地を深く知ることとなった。小路は4年間で21の県を周り、昭和43年度に重要無形文化財「越前奉書」「雁皮紙」、昭和44年度「本美濃紙」「石州半紙」の認定がなされた。文化庁は現在6件の重要無形文化財の個人・団体指定を行っている。

　柳橋は産地を巡るなか、後継者である若手が孤立した日々を過ごすことを看過できず、若手を一堂に集め話し合うという趣旨を全国に呼びかけた。紙屋の団結、共同施設の建設など、佐伯の提唱したことを実現している黒谷和紙が開催地として名乗りを上げ、昭和50年京都大覚寺において「全国手すき和紙青年の集い」（略称・青年の集い）が開催された。事務局も会長も無く、自発的に手を挙げた紙屋を中心に毎年開催し、他産地を知ることで仕事に誇りを持ち、技に自信を深めた。青年たちの集まりに刺激され、中堅の紙屋が昭和52年「伝統の手すき和紙十二匠展」を東京で開催し、全国を巡回した。産地を受け継ぎながら個人名を出すことで、産地の紙問屋に原料供給や販路を絶たれるものもいた。紙屋の自立と和紙の普及、技術の向上を目指した画期的な展覧会を、柳橋は護民官の目で15年間見守り続けた。

　徳島・島根、或いは新潟・高知・美濃など、世界にむけ国際交流の情報発信が始められた。青年の集いに参加し、その後紙屋を巡るという紙屋同士の交流とは別に、外国人が青年の集いに参加後、産地を巡り滞在し修行を積む国際交流の輪は広がりをみせ、T・バレット（アメリカ）、イズハル・N（イスラエル）、ガンゴルフ・U（ドイツ）など各国を代表する製紙家が育ち世界で活躍している。

青年の集い参加者は次第に和紙産業界の担い手になっていった。若き日に参加した成子哲郎（なるこ）は、平成22年（2010）全和連の会長として「現在の紙屋の生産戸数は220戸」という数字を公表し、衰退を続ける和紙産業界の生き残りをかけ施策を試行し続けている。

　新たな後継者も一度は参加し刺激を受ける青年の集いは、平成24年、第36回大会を山形で開催し、第37回大会は新潟に決定した。

第1部
和紙の復興に立ち上がった文化人の活動

伊部 京子

1　和紙研究同人の結束

　「民芸」の提唱者柳宗悦は、和紙の比類ない美質を愛し、和紙を用紙とした珠玉の出版物を刊行し続けた。民芸の機関誌『工芸』もそのひとつであり、昭和8年（1933）発行の第28号は和紙を特集し、柳が「和紙の美」、寿岳文章が「和紙復興」を著した。柳は昭和17年著の「和紙の教え」（昭和17年「日本読売新聞」）に、「和紙の10年」を加えて、昭和18年に私家本として『和紙の美』を出版し、当時の文化人に多大な影響を与えた。

　こうした活動に触発されて、国文学者新村出のもとに、民芸の賛同者寿岳文章はじめ文化人が結集し、和紙復興の活動を開始した。7人のトップスペシャリストを同人とした和紙研究会が誕生し、文献精査に基づく研究、情報交換のための研究会、和紙の展覧会の開催、雑誌『和紙研究』を創刊した。「和紙研究」のタイトルは新村出が書き、装丁を芹沢銈介が担当し、和紙の見本を惜しげもなく貼り込んだ雑誌は、『工芸』と並び、用と美を具現する見事なものであった。1年目の昭和14年には4冊、昭和15年には3冊、日米開戦の昭和16年に第8、9号の2冊が刊行された。第10号からは戦時下の発行となるのであるが、同人の並々ならぬ努力によって第12号まで継続された。

　各号の内容は、新村出の巻頭言、文献精査による歴史研究、産地探訪と地域を特化した調査研究、中国、韓国他外国の紙に関する調査研究、標本と図説の解説、和紙の後加工に関する研究、麻紙、斐紙、添材、薬品等の材料の研究、和紙研究文献の解題など多岐に亘った。寿岳文章は

『和紙研究』の刊行にかかわりながら、妻 しずと共に3年に亘って全国産地を訪ねて調査し、和紙を収集し続けた。辺境の農村で従来と変わらないつくり方を守る紙漉きをたたえ、買い求めた和紙の一部は和紙研究の標本として添付して紹介した。昭和18年に出版された夫妻の著となる『紙漉き村旅日記』は、往時の紙漉きの記録としてだけでなく、近代化が進む中での農村の変容を伝えるフィールドワークとしても、貴重な時代の証言となったのである。

2　終戦後の活動

　終戦後同人たちの活動が復活し、『和紙研究』第13号は用紙を機械漉きにかえて昭和23年に発行された。昭和26年に発行された第14号には、同人として加わった化学者町田誠之の、自然科学的見地からの論文が掲載された。同年の第15号が最後となったが、その理由については用紙などの都合によってとしか記録されていない。同年には雑誌『工芸』も終わりを迎えているので、おそらく戦後の出版事情が続刊を許さなかったのだろう。

　昭和25年には東京で製紙記念館が開館し、和紙研究の同人との関係が緊密になったことが記録されている。創立以来20年の間に多少の入れ替わりがあったものの、新村出、寿岳文章の2人を核とした和紙研究の同人たちは、社会的啓蒙と研究の深化を平行し、和紙研究の基盤を確立し、それ以降の指針となったのである。同年、京都での集まりの写真には町田誠之が加わっている。同人たちの初志は、その文化活動を支援し続けてきた東京の経済人が開設した製紙記念館に受け継がれていった。

3　昭和50年代の復刊

　『和紙研究』は昭和54年に第16号、59年に第17号が、森田康敬の尽力で創刊と同じスタイルで刊行された。創刊からかかわった同人の上村六郎、寿岳文章に、新たに町田誠之が同人として名を連ねた待望の復刊であった。和紙を用紙としたスタイルを踏襲し、創立以来の同人の手になるものでありながら、戦争による断絶と時の流れが反映されている。発足時の経緯を伝える上村六郎の和紙研究会の歴史を巻頭に、寿岳の回顧と展望、研究報告では科学的な研究論文、諸外国の紙および海外関連機関の調査報告が増えていた。第16号にはハワイのシンポジウムの報告、

第17号にはIPC（国際紙会議；the International Paper Conference）'83の報告があり（本書1部12〜15頁で詳述）、経済発展と国際化の中での和紙の位相が顕れている。IPC '83京都を挟んで発行されたこの2冊は、和紙研究の戦前と現代をつなぎ、和紙の今日を考える基点として、かけがえのないものである。

第1部

東京での和紙文化振興の経緯

辻本 直彦

はじめに

　和紙研究組織とその機関紙に焦点を絞り、日本・紙アカデミー発足以前の、主として、東京・関東における、和紙文化研究について記し、与えられた課題を果たしたい。

　「和紙文化研究」に関しての組織的活動は、昭和期に入ってから、活発化して来る。本論では、まず、その時期以前の活動について述べ、次に昭和期を4期に分けて記述したい。それらは、東京での民芸運動の機関紙『工芸』の発刊、京都における「和紙研究会」の発足、東京の「紙話会」の活動、そして、「紙の博物館」（当時は製紙記念館）の創立である。

1　民芸運動の機関紙『工芸』の発刊以前とそれ以後

　明治6年（1873）に、渋沢栄一により我国最初の洋紙製造会社が設立される以前の我国の紙は全て和紙であり、洋紙が誕生しても、和紙は厳然として市場を有していた。例えば、和紙の生産統計が取られ始めた明治42年、和紙は約5万トン、洋紙のそれは10万トンで、明治末期でも、和紙は三分の一の市場を占有していた。そのことから、明治13年に設立された洋紙業界の「製紙所連合会」（現、日本製紙連合会）機関紙『紙業雑誌』（明治39年発刊）には、和紙に関する様々な記事・論文が掲載された。特に、連合会の書記長（現在の呼称では理事長）であった関彪は、多数の和紙に関する論文、例えば、「楮文学（一名楮考）」「雁皮考」「三椏考」「麻紙考（附、苦参紙考）」「正倉院の麻紙に就て」などを投稿した。本雑誌は、昭和19年（1944）の第39巻まで続くのであるが、明

治・大正期の「和紙」に関する記事・論文の数は100件弱に及ぶ。なお、昭和10年代になると、和紙に関して、後述の京都和紙研究の設立者の方々の投稿（寿岳文章6件、新村出1件、禿氏祐祥2件）が見られ、また、和紙コレクションと和紙に関する書籍出版で有名な関義城は、約15件に及ぶ和紙関係の論考を投稿している。

　柳　宗悦は、学習院時代から『白樺』文芸活動に参加、宗教、哲学、芸術に自らの思想を深め筆をふるう。その後、東京帝国大学を出、宗教学関連論考、ウィリアム・ブレイクらの美術研究、朝鮮美術の普及などで精力的活動中の大正12年（1923）、関東大震災で被災、これを機に、京都に移ることとなる。大正14年、その京都の地で、陶芸家の河井寛次郎、浜田庄司、富本憲吉ら仲間と、「民芸」という言葉を編み出し、翌年には、彼らとともに「日本民芸美術館設立趣意書」を発表。昭和2年には、武者小路実篤編集の雑誌『大調和』の連載「工芸の道」の中で、初めて「工芸の美」に言及。東京に戻り、昭和6年に、『工芸』を発刊。そして、昭和8年発刊の第28号に、有名な「和紙の美」を発表することとなる。我国の和紙の美しさは、平安期の女流作家達の表現を待つまでもなく、古来から我国の生活そのものや生活空間を飾っているのであるが、あらためて柳の文章により、人々は覚醒することとなる。この号には、寿岳文章が「和紙復興」を掲載、和紙の尊さを訴えている。なお、昭和11年、東京目黒の駒場に、大原孫三郎の応援を得て日本民芸館が設立された。

2　京都「和紙研究会」と東京「紙話会」の発足

　「和紙研究会」の詳細は、本章のもう一つの節にお任せして、「和紙の魅力」の研究のための当会を創設した人々の名前を紹介する。昭和11年秋、京都において、新村出とその門下生の寿岳文章が中心となり、禿氏祐祥、上村六郎、大沢忍らによって「和紙研究会」が立ち上げられ、その機関誌『和紙談叢』が出版された。その後、昭和14年に機関紙名を『和紙研究』に変更し、昭和26年の最終号（第15号）まで、我国の和紙研究を牽引し続けた。

　昭和14年、東京にも、新しく「紙話会」が発足した。メンバーは、関彪、関義城、成田潔英、内山晋、浜田徳太郎の5名。上述の『和紙研究』第4号のあとがきで、寿岳文章は、「東京にも紙の熱心な愛好家や

図1　昭和25年5月27日上村六郎邸で開かれた和紙研究同人会の記念撮影：後列左より上村六郎、4人目大沢忍、前列左2人目より町田誠之、新村出、禿氏祐祥、寿岳文章

研究者がいて紙話会を結成されたと聞くのはうれしい。その第一回会合には、上記5名が関義城氏の宅に集まって紙に関する文献や紙の見本の展覧を行われた由。近ければ我等もその催しに馳せ参じたいものである」と述べている。これで、東西の和紙研究会が出来上がった。

3　昭和25年製紙記念館（現、紙の博物館）の発足

戦後の混乱期の中、東京に製紙記念館が、昭和25年6月、設立された。理事長に、中嶋慶次（苫小牧製紙（現、王子ホールディングス株式会社）社長）、副理事長に関義城、館長に成田潔英、そして、名誉顧問に、上述の、新村出、寿岳文章、上村六郎、禿氏祐祥、柳宗悦、浜田徳太郎の他、横山大観、橋本凝胤（奈良薬師寺管長）、岩野平三郎らが就任している。京都と東京の和紙研究者が一同に名を連ね、我国の和紙研究は、この博物館に集約された。機関紙『百万塔』は、昭和39年に創刊、現在（平成25年1月）まで、143号発刊し、地道な紙の調査・研究とその論考の発信を続けている。現在までに、和紙を表題に含む論考・記事は、約150件に及んでいる。

4　昭和63年日本・紙アカデミーの発足

紙の博物館が、敗戦後の立ち直りを目指して創立されたとするならば、日本・紙アカデミーは、我国の高度経済成長と国際化の賜として発足した。

昭和58年に開催された「国際紙会議（IPC）'83京都」の大成功を得て、昭和63年に「日本・紙アカデミー」が設立され、機関紙『KAMI（日本・紙アカデミーニュース）』も本年で34号となり様々な活動を行い、京都から発信される「和紙文化」の振興に大きく寄与し続けている。

第1部

IPC' 83 KYOTO

伊部 京子

1　1980年代の紙の文化的背景

　和紙が世界で最高の手漉き紙であると折り紙をつけたダード・ハンターの先駆的な活動は、彼の次世代によって手漉き紙のルネッサンスへと発展した。1970年代、アメリカの開放的な風潮の中で様々な新しい芸術がおこり、大衆化して版画が普及した。日本で紙漉きを習得した先駆者たちが、和紙を含めて手漉き紙の魅力を紹介し、注目された。新しい表現手段を模索していた芸術家たちが、手漉き紙の伝統を持たないアメリカで、競って紙を漉きはじめた。70年代後半になると、紙を素材とするか紙を漉くことを手法としたあたらしい芸術が次々と発表されるようになった。

　1976年にはそうした作品を集めて New American Paperwork が企画され話題となり、全米巡回後、世界巡回されることとなった。同時にこうした芸術家の情報交換と普及のため、アメリカで幾つかの紙会議が開催された。日本の紙匠が招かれて技を披露し、和紙への期待と評判が高まっていった。1978年ハワイで開かれたタパと和紙のシンポジウムには紙漉きの若手後継者の集まりである「手漉き和紙青年のつどい」の創立メンバー他10人が参加し、交流を深めるとともに日本での紙会議開催を託されて帰国した。同年サンフラシスコで World Print Council が New American Paperwork の開催中に紙会議を開催し、あたらしい紙の造形が広くアメリカで認知されることとなった。同展の日本開催が1983年に決定すると、この関係者からも、日本の美術関係者へ会議開催の要請がなされた。

京都は府下に和紙の産地黒谷を有し、市内には和紙を扱う多くの工芸産業が伝承されていて、和紙とは縁が深かった。伝統産業を現代に生かして都市を活性化することは、地域の課題でもあり、さまざまな振興策が講じられてきた。1978年には「WCC（World Crafts Council）'78 京都」が開催されて大成功となり、ものつくりの世界会議を担う産、官、学の連携ができていた。WCC '78の和紙の部門には多くの海外からの参加があり、和紙への関心の高まりは予感されていた。この成功体験のノウハウを援用し、京都が全国に点在する和紙生産者ほか国内外に広く呼びかけ結集を図り、国際紙会議は時と人を得て未曽有の成功となった。海外18か国から201名、国内からは338名が参加し、厳冬の2月の京都で、紙をめぐる熱い交流が展開した。IPC '83は和紙の真価と京都の文化力を世界に知らしめ、時代を分ける空前絶後のイベントとして、今でも世界で語り継がれている。

2　京都でのプログラム

　本会議はデモンストレーション、ワークショップ、テーマ別の分科会、全体討議で構成された。初日開会式の後、旧勧業館の全館を使ったデモンストレーションでは、当時世界に現存した手漉き紙を一堂に集め、技術の原点とその発展を確認するものであった。エジプトのパピルス、イタリアからはファブリアーノ社の黒透かし、韓国の古式流し漉き、中国陝西省の火紙、タイやネパールのプリミティブな技法、アメリカからはハワイのタパ、芸術家による西洋式溜め漉きの技法を応用した新しい造形が2種類、日本からは高知の典具帖、6人掛かりで漉く4m×4mの紙、越前の模様漉きが公開された。同じ会場のコーナーでは、京都で行われている和紙を使った14種の和紙工芸がブースを設け、現役の職人が手技の極みを披露した。

　世界中から集まためずらしい技法の同時公開は、世界でも初めてのことであった。半日の一般公開には2000人以上の市民が押し掛けて、和紙への関心の高さは主催者側の予想をはるかにこえていた。

　2日目は参加者のみのワークショップで、各自希望するブースで研修を行った。5時以降にはイブニングセッションとして、流し漉き、溜め漉き、パピルスとタパ、紙の後加工、原料と道具、用途とデザイン、流通、保存と修復の分科会に分かれて、昼の研修と連動した討論で習得した技

術をさらに深めた。

　3日目は用と美、現代造形と紙、あたらしいアメリカの紙造形の三つのテーマの全体会議で、熱い意見交換が行われた。

3　京都から全国へ

　3日間の本会議の後、海外参加者の多くは地方の紙漉きの里でのワークショップのため移動した。全国18か所の産地が受け皿となり、各自治体の協力も得て、その地ならではの心のこもった手厚い対応が用意された。中には外国人を受け入れるのが初めての産地もあり、村をあげての歓迎で海外参加者に深い感銘を与えた。紙漉き村での異文化体験は日本ならではの好企画として会議の魅力を決定づけた。地方に点在する紙漉きが総力を挙げて取り組み、京都の文化推進力が支えたこの企画は、当時の和紙生産家の実力とゆるぎない信条の証であった。

　本会議を中心に2月の京都は紙一色となり、市内の美術館や画廊30か所で現代美術から伝統工芸まで、紙をテーマに38の展覧会が開催された。主なところは、紙会議の発端となった「New American Paperworks」展が京都国立近代美術館で、京都市美術館では「現代紙の造形—韓国と日本」、「ペーパー・ナウ、イン・ジャパン」が京都・国際クラフトセンターホールで開催された。この三展は京都の後、東京、福岡他に巡回し、あたらしい紙造形の魅力を全国的に披露した。ロバート・ローシェンバーク、デビット・ホックニーなど当時の世界のトップアーティストも、作品をたずさえて来日し話題となった。

4　ポストIPCの動向

　会議を通じて獲得された紙に関する世界の情報や貴重な技術の交換、熱心な討論から生まれた紙についてのあたらしい認識と展望は、以降の紙文化の発展を方向づけた。以降の変化を列記してみると、

①中国発の技術が東西に伝播し、2000年後に日本で出会い、ペーパーロードが完結した。南半球の国々へもあたらしい波が伝播し、南北のペーパーロードができた。

②紙にまつわる国際交流が活性化し、世界各地で展覧会やワークショプが開かれるようになった。ヨーロッパでの活動が活性化した。

③日本の紙漉き、芸術家が海外に招かれる機会が増え、高く評価され

るようになった。

国内的には、

④伝統工芸、和紙が脚光を浴びて国内外へと開かれていった。家業以外で紙を始める若者の参入が本格化した。海外からの研修を受け入れる産地も増えてきた。

⑤デザイナー、芸術家が和紙に関心をもち、産地とのコラボレーヨンが活発に行われるようになった。

などである。

　ダード・ハンターが和紙の産地を歴訪したのは1933年、ハンター50歳の時であった。生誕100年目にあたる1983年に、ハンターの著作をバイブルとして育った次世代が、手漉き紙のルネッサンスを日本へともたらしたのである。和紙がそれに応え、世界の紙文化振興に大きく貢献したことは歴史の必然のように感じられる。会議の閉会にあたって、世界的なネットワークの構築が必要であると多くの参加者が提起した。IPC '83 KYOTOを担った日本の関係者には紙に対して高まった広範な関心と理解を、真に価値あるものとして定着させていくことが、課題として残された。

　1983年にはアメリカで Friends of Dard Hunter が発足、1988年にはヨーロッパで International Association of Hand Papermakers and Paper Artists (IAPMA)が結成された。

　日本・紙アカデミーはこのような状況下に発足したのであった。

第2部
日本・紙アカデミーの25年

> **第2部**
> # 日本・紙アカデミー組織概要
> 伊部 京子　鈴木 佳子

日本・紙アカデミー設立総会
場所；京都市左京区岡崎成勝寺町9－2　京都市伝統産業会館2F
日時；1988年6月2日

設立主旨
　人間の文化のなかで、紙は記録と伝達をはじめとする、多様な役割を果たしてきました。
　しかし現代においては、それらの機能に加えて、さらにその本質と意味が問われつつあります。人類の偉大な産物としての紙は、まさに新しい変革に遭遇しつつあるのです。
　それは、緑の地球、その未来についても重要な課題でありましょう。
　この様な時期にあたり、世界から日本の紙に対して熱い目が注がれていることを、私たちは確認せねばなりません。それは、古代以来の紙の伝統を伝える和紙が、いまも潑剌とした生命を持つとともに、工業社会のなか、新しい紙の意味が実験されつつあるためと考えられます。1983年、京都で開かれた国際紙会議は、世界最初の最も充実した会議として記憶されています。それは、紙をめぐる国際的な文化の熱い交流でありました。その成果は今日、世界の各地において、紙をめぐる多くの活動として現れつつあります。それをさらに展開させるために、私達は、世界の人達の要望によって、日本・紙アカデミーを設立いたしました。
　紙の本質、歴史、加工、創造、情報媒体、芸術素材など、紙を中核として、ジャンルを超えて広がる次元の世界をここに結集して活動してい

ます。

　日本・紙アカデミーは、紙を愛し、紙を考えるすべての人々に広く門戸を開き、共に未来の紙の世界を開くための集まりであることを願うものです。　　　　　　　　　　　　　　　　　　　　　（1988年6月）

【会員種別】
　　正会員　個人
　　正会員　法人・団体
　　賛助会員
【役　　員】
・会　　長；町田誠之（1988～2000年まで）
　副 会 長；吉田光邦、柳橋眞
　名誉会員；寿岳文章
・会　　長；尾鍋史彦（2000～2006年まで）
　副 会 長；柳橋眞、稲垣寛、小谷隆一
　名誉会長；町田誠之（2000年～）
　現副会長；並木誠士、森田康敬

主な活動
　日本・紙アカデミーは創立以来紙文化にかかわる研究会や見学会、各種展覧会の開催、国際会議への参加・開催、出版や機関紙の発刊、紙文化振興に貢献した人の表彰などを日常業務とし活動してきました。
　1988年　紙アカデミーニュース『紙(KAMI)』発刊
　　　　『紙』創刊号　日本・紙アカデミーの発足に際して
　　　　　　　　　　　紙・その交流史　他
　　　　『紙』第2号　第2回「国際ペーパーアート・ビエンナーレ」
　　　　　　　　　　他
　1989年　創立事業　紙会議・京都'89、国際紙造形展開催[1]
　　　　『紙』第3号　特集「紙」会議・京都'89　他
　　　　『紙』第4号　国際かみ会議・茨城'89　他
　1990年　京都府・綾部市市政40周年記念行事「黒谷和紙100年記念シンポジウム」への参加
　　　　　第3回「国際ペーパーアート・ビエンナーレ」（ドイツ開催）

　　　　　　への審査員の派遣及び作品送付
　　　　　　『紙』第5号　特集　省資源問題と紙　他
　　1991年　「Paper has Possibility・紙は可能性を持っている」展
　　　　　　ヘルシンキ他フィンランド4都市巡回への企画協力
　　　　　　日本・紙アカデミー賞を創設
　　　　　　　学術研究(①)、科学技術(②)、芸術・工芸・デザイン(③)、
　　　　　　　紙文化の普及・啓蒙・国際交流(④)　その他特別表彰の部
　　　　　　　門を設け功績のあった方を以降毎年表彰
　　　　　　第1回　日本・紙アカデミー賞
　　　　　　　①学術研究部門；大江礼三郎
　　　　　　　②科学技術部門；手漉き和紙簀桁制作者グループ
　　　　　　　　井上昇、野中博志、五十嵐重、古田要三、平田益雄、
　　　　　　　　藤波博平、有光広範
　　　　　　　③芸術・工芸・デザイン部門；高橋堅次
　　　　　　　④紙文化の普及・啓蒙・国際交流部門；阿波和紙伝統産業
　　　　　　　　会館
　　　　　　　　特別表彰；小谷隆一
　　　　　　『紙』第6号　環境と古紙再生　他
　　　　　　『紙』第7号　森林資源　他
　　　　　　『紙』第8号　機能紙と和紙　他
　　1992年　第1回　紙アカデミー講座を開催
　　　　　　　現代社会における紙　7人の提言
　　　　　　　講師；吉田光邦、岡村誠三、増田勝彦、柳橋眞、潘吉星、
　　　　　　　　乾由明、町田誠之
　　　　　　　講演集『紙――7人の提言』を思文閣出版より出版
　　　　　　第2回　日本・紙アカデミー賞
　　　　　　　部門賞
　　　　　　　　①久米康生　②中村元　③黒崎彰　④竹尾栄一
　　　　　　『紙』第9号　紙と科学　他
　　　　　　『紙』第10号　森林資源　他
　　　　　　『紙』第11号　紙とその加工　他
　　1993年　「日本の現代紙造形」展
　　　　　　阿波和紙伝統産業会館と共催、図録作成

　　　　　場所；モントリオール市立ギャラリー
　　　　　日時；6月15日〜8月10日
　　　　第2回　紙アカデミー講座を開催
　　　　　現代社会における紙　科学シリーズ
　　　　　講師；稲垣寛、小林良生、錦織禎徳、森本正和、国司龍郎、
　　　　　　何双全
　　　　第3回　日本・紙アカデミー賞
　　　　　部門賞
　　　　　　①小林良生　②吉田桂介　③鹿目尚志
　　　　『紙』第12号　伝統工芸の抱える問題点　他
1994年　国際紙シンポジウム'95のための実行委員会を組織、企画案
　　　　作成
　　　　紙アカデミー講座　国際紙シンポジウム'95に向けて
　　　　　日時；5月14日（たばこと塩の博物館）
　　　　　講師；久米康生「海を渡った江戸の和紙──パークス・コ
　　　　　　レクション展」
　　　　　日時；5月28日（京都商工会議所）
　　　　　講師；田衛平「現代中国に於ける装飾芸術の動向」
　　　　　日時；9月19日（京都商工会議所）
　　　　　講師；郡司紀美子「大学講座としての茶道の意義──イリ
　　　　　　ノイ大学で20年間日本文化を教えて」
　　　　第4回　日本・紙アカデミー賞
　　　　　部門賞
　　　　　　②青地一興　③馬場孝良　④中根愛子
　　　　　特別賞　IAPMA
　　　　『紙』特別号　特別記念講演　他
　　　　『紙』第13号　特論　和紙・韓紙と建築　他
1995年　国際紙シンポジウム'95開催[2]
　　　　第5回　日本・紙アカデミー賞
　　　　　部門賞
　　　　　　②遠藤忠雄　③坂茂　④桜井貞子　④森田康生
　　　　『紙』第14号　目に映る色、紙の色　他
　　　　『紙』第15号　IPS／国際紙シンポジウム直前インフォメー

　　　　　　ション　他
　　　　　　特論　神戸の被災地で　他
1996年　全国手漉和紙展「匠たちの技と心」
　　　　場所；都メッセ特別展示場A／B
　　　　日時；10月21〜24日
　　　　記念講演
　　　　　場所；都メッセ研修室
　　　　　講師；町田会長「和紙の伝統」
　　　　　　　　手漉き和紙連合会　山口会長「和紙生産者の現況」
　　　　第6回　日本・紙アカデミー賞　該当なし
　　　　『紙』第16号　紙の源流から未来まで
1997年　19世紀の和紙展実行委員会を組織
　　　　第7回　日本・紙アカデミー賞
　　　　　部門賞
　　　　　　②尾崎茂　④亀井健三、清家豊雄
　　　　講演会
　　　　　場所；京都商工会議所3階
　　　　　日時；6月21日
　　　　　講師；フランソワーズ・ペロー
　　　　　　　　「ライプチヒ・コレクションについて」
　　　　講演会
　　　　　場所；京都商工会議所3階
　　　　　日時；3月10日
　　　　　講師；曹亨均「韓国語より見た和紙のよもやま話」
　　　　和紙研究会への助成、会員の特別参加の機会をつくる
　　　　『紙』第17号　特論　新発見・芭蕉真筆「奥の細道」他
1998年　「19世紀の和紙展——ライプチヒのコレクション帰朝展」[3)]
　　　　　東京展記念講演会
　　　　　場所；たばこと塩の博物館オーディトリア
　　　　　日時；3月5日
　　　　　講師；寿岳章子「手漉きの流れを愛して」
　　　　第8回　日本・紙アカデミー賞
　　　　　部門賞

①廣瀬晋二　②古田さよ子　④フリーダー・シュミット
　　　特別賞　海部桃代、中野はる
　　　『紙』第18号　19世紀の和紙展関連　他
　　　『紙』第19号　アートに新たな扉を開く　他
　　　『紙』第20号　シンポジウム１（特集号）
　　　『紙』第21号　シンポジウム２（註３参照）他
　　　『紙』第22号　伝統の紙、現代の紙　他
2000年　町田誠之著『和紙の道しるべ』淡交社より出版
　　　記念講演会
　　　　　場所；ルビノ京都堀川
　　　　　日時；４月15日
　　　『紙』第23号　平安写経に学ぶ　他
　　　『紙』第24号　一編集者の懺悔　他
2001年　日本・紙アカデミー　シンポジウム「紙の21世紀」
　　　　　場所；東京大学農学部　弥生講堂
　　　　　日時；12月４日
　　　基調講演；尾鍋史彦「紙の文化学の可能性」
　　　特別講演；シンディ・ボーデン
　　　　　　　　「建国から現在までのアメリカの製紙の歴史」
　　　講演；福田弘平、磯弘之、飯田清昭、渡辺恒
　　　パネル討論；宇佐美直治、長谷川聡、堀木エリ子
　　　　　　　　伊部京子（司会）
　　　「第20回今立現代美術紙展'01」10月14〜28日共催
　　　「第５回因州和紙・弓浜餅フェア（東京見本市）」11月14・15日
　　　後援
　　　『紙』第25号　日本の造紙起源　他
2002年　第１回日本・紙アカデミー　研究発表会
　　　　　場所；京都商工会議所２階
　　　　　日時；６月29日
　　　「越前和紙の紙造形作家たち」
　　　紙パルプ技術協会年次大会　協賛企画展
　　　　　場所；静岡コンベンションアーツセンター（グランシップ）
　　　　　日時；10月16〜18日

2003年　第2回日本・紙アカデミー　研究発表会
　　　　　　場所；京都商工会議所2階
　　　　　　日時；6月28日
2004年　日本・紙アカデミー　東京リサーチフォーラム
　　　　　　──「伝統と現代」関東支部主催
　　　　　　場所；東京大学農学部　弥生講堂
　　　　　　日時；11月4日
　　　　「和紙の草木染と装飾品製作」西部支部主催
　　　　　　場所；スティックビル（松江市）
　　　　　　日時；12月10日
　　　　『紙』第26号　デジタルの可能性　他
　　　　IPC '04「日本の紙文化の国際化」開催[4]
2005年　プロジェクト「紙は今──2005」を開催[5]
2006年　プロジェクト「紙は今──2006」を開催[6]
　　　　『紙』第27号　新しい紙のかたちをさがして　他
　　　　『紙』第28号　和紙の諸相　他
2007年　講演会「日本の伝統美術における紙と金彩」
　　　　　　場所；京都商工会議所3階
　　　　　　日時；6月23日
　　　　　　講師；福島久幸「金泥書写における紙」
　　　　　　　　　野口康「尾形光琳筆紅白梅図金地擬装説と流水部分の型紙使用説に対する疑問」
　　　　研究会「韓国でのイベント報告」　他
　　　　　　場所；京都商工会議所2階
　　　　　　日時；12月8日
　　　　　　講師；岡田英三郎「2006年韓国における〈紙文化財の保存・修復国際フォーラム〉の報告」
　　　　　　　　　金珉「日本画とドーサ引きの関わり」
　　　　　　　　　田村正「韓国の紙漉と和紙──修復用紙の制作過程」
　　　　『紙』第29号　紙は今　他
　　　　『紙』第30号　日本の伝統美術における紙と金彩　他
2008年　研究会「紙と墨」
　　　　　　場所；京都商工会議所地階

　　　　日時；3月29日
　　　　講師；山口力
　　　　　　「宣紙と井上陳政──（清国製紙法）を読み解く」
　　　　　　村田篤美「作品を通しての墨と紙」
　　講演会
　　　　場所；京都商工会議所3階
　　　　日時；5月31日
　　　　講師　フランシーン・ロッテンバーク
　　　　　　「アメリカの紙を巡る歴史と現況について」
　　　　　　辻本直彦
　　　　　　「The Institute of Paper Chemistry 留学の思い出」
　　町田誠之著『平安京の紙屋院』京都新聞社より出版
　　『紙』第31号　紙と墨　他
2009年　『平安京の紙屋院』出版記念講演会
　　　　場所；楽紙館本店4階
　　　　日時；5月17日
　　　　講師；成田宏「町田先生と和紙」
　　　　　　渡里恒信「紙屋院の位置について」
　　『紙』第32号　紙の諸相　他
2010年　講演会
　　　　場所；楽紙館本店4階
　　　　日時；5月17日
　　　　講師；錦織禎徳
　　　　　　「和紙と（ネリ）流し漉きとガンピの靱皮繊維」
　　　　　　宍倉佐敏「和紙の製法と原材料」
　　杉原村和紙博物館「寿岳文庫」見学会
　　　　日時；12月4日
　　『紙』第33号　紙の保存と温度　他
2011年　日本・紙アカデミー　シンポジウム「紙と印刷」
　　　　場所；楽紙館本店4階
　　　　日時；3月5日
　　　　講師；深谷守「紙と印刷について」
　　　　　　尾鍋史彦

　　　　　　　　「最新の印刷技術から見た紙と本の将来について」
　　　　　　　　藤森洋一
　　　　　　　　「阿波和紙と印刷　木版画からデジタル印刷」
　　　　講演会
　　　　　　場所；楽紙館本店4階
　　　　　　日時；6月11日
　　　　　　講師；山本修
　　　　　　　　「コロタイプ　その特徴と紙への印刷適性について」
　　　　講演会
　　　　　　場所；ハートピア京都
　　　　　　日時；10月22日
　　　　　　講師；中西秀彦
　　　　　　　　「電子書籍がやってくる　紙・印刷業の未来」
　　　　　　　　嘉戸浩「和の価値・紙文化・デザイン」
　　　　『紙』第34号　和紙の製法と原材料、和紙と「ネリ」他
2012年　講演会
　　　　　　場所；楽紙館本店4階
　　　　　　日時；6月23日
　　　　　　講師；上村芳蔵「和紙総鑑について」
　　　　見学会；便利堂　コロタイプ印刷
　　　　　　日時；10月25日

1）　国際紙造形展　京都文化博物館　4月1〜12日
　　　日本・紙アカデミーの創立を記念して行われたイベントである。本展覧会はドイツ、ケルンの近郊にある紙産業の中心都市、デューレンのレオポルド・ホーエッシュ・ミュージアムが主催する国際公募展「Paper Biennale」の第2回展から、優れた作品を選抜して再構成したものであった。伊部京子がコミッショナーとして、日本から11作家、韓国5作家を選んで参加した。ドイツでの展覧会では日本の選りすぐりの作品群が際立っていて、第2回はジャパニーズ・ビエンナーレと呼ばれることになった。デンマーク巡回後の日本展は、南北アメリカ、ヨーロッパ6か国の優れた作品に、韓国、日本を加えて計24作家の作品を選んだものであった。紙を使った作品が半数、紙つくりの工程から芸術家の手になる作品が半数で、いずれもが斬新な立体の作品であった。バイリンガル

の図録作成。この展覧会は京都展の後、徳島・阿波和紙伝統産業会館、東京・麻布美術館に巡回した。

紙会議・京都'89　テーマ「現代造形と伝統の対話」
　　京都第一ホテル宴会場　3月31日
　　国際紙造形展のオープニングにあわせた記念シンポジウム。
　　海外5か国の出品者、美術館関係者を招いて、現代の紙造形と伝統的な手漉き紙工芸を巡って討議をした。

2）国際紙シンポジウム'95　テーマ「Paper Road from the origin to the future」
　　10月3～8日　参加者、18か国から80名、国内90名
　　本会議；京都市国際交流会館
　　資源環境問題や、情報革命とのかかわりなど、IPC '83 以降の紙を取り巻く諸問題を顧み、紙の未来を展望した。6つの記念講演と「芸術と紙」「原始から将来への紙の道」の2つのパネル・ディスカッションとホールでのパフォーマンス。
　　姉妹都市コーナー　展示室；展覧会「Touch Please」
　　IAPMA（International Association of Hand Papermakers and Artists）の年次総会が同時期に開催されたので、海外参加者の多くが自作の作品を持参して出品した。
　　明倫小学校跡地；6か国の招待作家による選抜展「Touch Please」、「新しい紙、環境と紙」紹介展、伝統的和紙工芸　黒谷和紙、小原漉き絵、壇紙、墨流し、西洋式マーブリング、海外からバキュームフォーミングの実演
　　会議録として、『紙の道』を和紙堂より出版

3）19世紀の和紙展――ライプチヒのコレクション帰朝展
　　10周年記念事業として実施されたドイツ図書館ライプチヒとの共同プロジェクトであった。1910年にウィーンの宮廷顧問官フランツ・バルチェの没後、その膨大な紙のコレクションはライプチヒ・ドイツ図書館に寄贈された後、展示されることなく忘れ去られていた。日本からの働き掛けと協力で、調査研究がはじまり、その結果、世界最大の和紙コレクションであることが確認された。8000点以上の19世紀の和紙のデータベースが完成し、web公開されることとなった。日本への帰朝展は、1973年に日本政府が最初の公式参加をしたウィーン万博に出展した素紙100点余りとそれ以降にヨーロッパに輸出された彩色加工和紙300点を選び、京都工芸繊維大学美術工芸資料館と共催で展覧会を企画し、3か国語の図録を制作した。
　　全国手すき和紙連合会の総会に合わせて今立芸術館でプレ展示の後、本展は11月9～20日、京都工芸繊維大学美術工芸資料館で開催後、美濃和紙の里会館、たばこと塩の博物館、いの町紙の博物館へと巡回した。

19世紀の和紙展　記念シンポジウム；関西・ドイツ文化センター　11月8日
関西・ドイツ文化センターと共催で展覧会のために来日したドイツ図書館主席学芸員　フリーダー・シュミット博士、調査に参加した京都工芸繊維大学美術工芸資料館館長　竹内次男、和紙研究家　久米康生、フランソワーズ・ペローの調査報告
東京展　記念講演会；「手漉きの流れを愛して」
講師；寿岳章子　たばこと塩の博物館　4月28日

4) IPC '04　日本の紙文化の国際化；京都市国際交流会館　6月19日
日本・紙アカデミー15周年記念事業として開催された。海外での日本の紙文化、過去と現在のかかわりを海外の当事者を招いて検証し、未来を展望するための議論をした。会議録作成。
Part 1　オランダ・ライデン博物館修復所　フィリップ・メレディスによる基調講演
session 1　アメリカの事例報告　Hiromi Paper International 片山寛美、イリノイ大学日本館　郡司紀美子
session 2　アジアの事例報告　ネパールの製紙家　ハリ・ゴパール・シュレスタ、台湾樹火記念紙博物館　陳瑞恵、フィリピンの製紙家　松浦正明
Part 2　空間とパフォーマンスにおける紙芸術
八柳里枝、アマンダ・デュネ、ジェーン・イングラム・アレンの3人の芸術家によるスライド・プレゼンテーション
Part 3　デザインと紙
（株）モルザ 沢村温也、富士製紙企業組合　藤森洋一、平和紙業　岡信吾の3人による講演とパネルデイスカッション
関連展；国際交流会館姉妹都市コーナー　展示室
シンポジウムの招待芸術家3名の作品と、台湾、フィリピン、ネパールでの実験的な手漉き紙製品の展示と写真による漉き場の紹介

5) 紙は今──2005
京都工芸繊維大学美術工芸資料館との共催で実施したプロジェクト
展覧会；美術工芸資料館　10月18〜11月13日
20世紀の和紙400種、宇宙の紙、高機能紙、紙とデザイン、新しい紙の造形作品の5部構成、現代の紙の多様な姿を展示構成
ワークショップ；京都工芸繊維大学　紙工房　11月3〜5日
和紙；長谷川聡、田村正、山口つとむ、長谷川典弘、林伸次
パルプペインティング；コルコランカレッジ　リン・シュア
ペーパーキャスティング；カレッジ・オブ・デザート
　　　　　　　　　　ウイリアム・コール
パピルスの造形；アハメド・カドリ
海外招待者3人による制作の指導で3種のワークショップ実施

記念講演会：京都工芸繊維大学 学生会館ホール　11月3日
　　　　　　江島義道学長、喜多俊之による講演

6)　紙は今——2006「本のかたち」
　　フィラデルフィア・アート・アカデミー教授 ロバート・ロッシュ、シュザンヌ・ホルビッツによるブックアートのプロジェクト
　　ワークショップ；京都工芸繊維大学 中野研究室　11月15〜21日
　　　　　　　　　　女子美術大学彫刻科 小山研究室　12月3〜4日
　　展覧会：海外作家の作品　京都工芸繊維大学附属図書館　11月24日〜12月2日
　　　　　　指導した学生の作品展　ギャラリーテラ　12月5〜10日
　　記念シンポジウム；鴨川会館　12月9日
　　　シュザンヌ・ホルビッツのブックアート、中野仁人のブックデザインのスライド・プレゼンテーション　浅田喜彦の和綴じ製本の実演
　　講演会：東京紙の博物館 レクチャールーム　12月16日
　　　シュザンヌ・ホルビッツによるブックアートのスライド・プレゼンテーション

第3部
紙のいま、紙の明日

第3部-1
紙の保存性と被曝した紙資料の取扱
稲葉 政満

1　紙の保存性評価
(1) 楮紙および日本画用紙の保存性評価

　和紙の製造工程において、煮熟処理は欠かせないものである。和紙の主原料である楮は、アルカリ水溶液で煮ることで、繊維化される。アルカリとしては木灰、石灰が使われていたが、現在はソーダ灰（炭酸ナトリウム）、苛性ソーダ（水酸化ナトリウム）が主である。また、煮熟前後に行うことの多い漂白処理では、川晒しや雪晒しに代わって、現在さらし粉が導入されている。

　同一の高知産楮から作成した楮紙の保存性に及ぼす、煮熟剤の違いや漂白の有無による影響を検討した。[1,2] 日本画でにじみ止めとして用いる礬水（膠と明礬の混合液）を紙に引いたときのpHの変化を図1に示す。横軸は紙中の明礬塗布量、縦軸がpHである。pHとは、7が中性で、それより下に行けば行くほど酸性が強く、上に行くとアルカリ性である。礬水を塗っていない部分（明礬量0）を見ると、4種の煮熟剤で煮た楮紙は、漂白したもの以外はpH7と全て中性紙で、保存性には問題がなさそうに見える。しかし、礬水引きすると、明礬塗布量に対して酸性になりにくい（pHが低下しにくい）グループと、急激に酸性度が高くなるグループに分かれた。酸性になりにくい木灰煮とソーダ灰煮の楮紙は、中に適量のアルカリ分が残っていて、外からの酸に対して緩衝作用があるためである。

　これらの湿熱劣化促進試験（80℃、65％RH、16週間）を行ったところ、礬水引きで酸性度の高くなった楮紙は当然劣化が早かった。また苛

性ソーダで煮熟した楮紙に関して、漂白したものの方が、未漂白のものよりも劣化しやすかった。さらに、紙の主成分であるセルロースの重合度を測定したところ〔図2〕、木灰やソーダ灰で煮熟した楮紙の方が、苛性ソーダで煮熟した楮紙よりも重合度が高く、つまり煮熟による繊維の損傷が少なく、また、促進劣化後の重合度も高かった。日本では楮の約7割を輸入しているが、代表的な輸入品であるタイ楮は樹脂分が多く、苛性ソーダで煮熟せざるを得ない。一方、国内産の楮はソーダ灰などで煮熟して使用することが可能なので、保存性のよい楮紙を製造するには国内産の楮を使用するのが良いことになる。

日本画用紙の定番である越前麻紙と、最近登場した大濱紙(おおはま)の保存性についての比較も行った。[3] 大濱紙は書き味が越前麻紙と違うので、作家によっては使いにくいという話もあるが、保存性も加味して開発されたものである。この両者の紙はpH7.2とpH7.7と中性で、保存性上問題なさそうな結果であったが、礬水引きにより、越前麻紙は大幅に酸性度が高くなり、大濱紙の方はあまり酸性にならなかった〔図3〕。大濱紙は適量のアルカリ分を含有しているため酸性になりにくい。また、吸い込みが良い越前麻紙に比べ、用いた大濱紙は雁皮を3割程度含むために礬水の吸い込みが少なく、実際使用する際にも酸性になりにくいと考えられる。さらに、大濱紙のほうが越前麻紙よりもセルロースの重合度が高く、保存性が高いという結果を得ている。

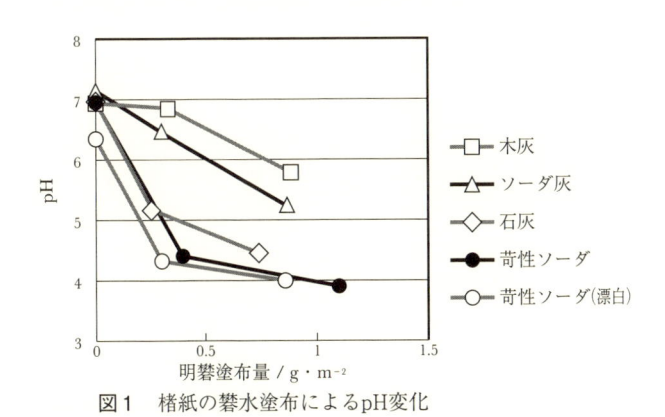

図1 楮紙の礬水塗布によるpH変化

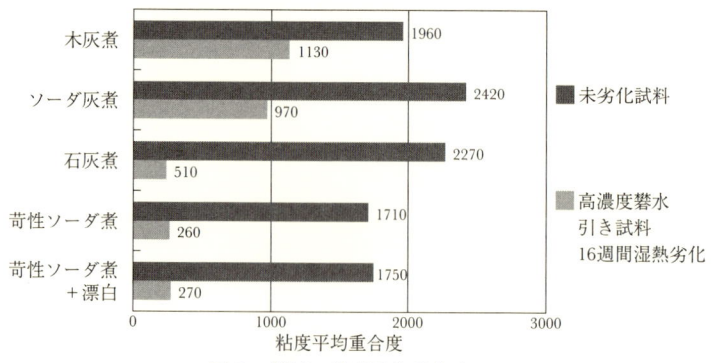

図2　楮紙の粘度平均重合度

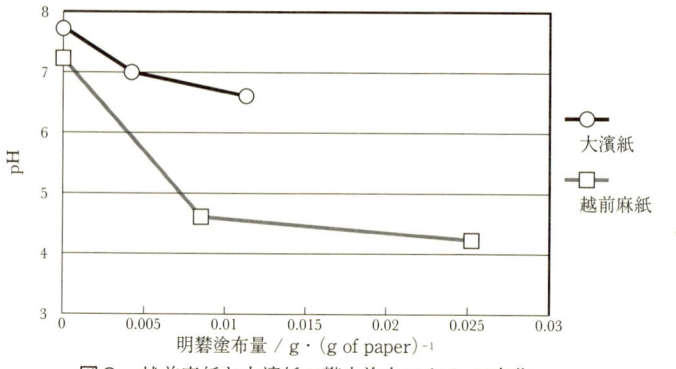

図3　越前麻紙と大濱紙の礬水塗布によるpH変化

(2) 酸性紙とアルカリ性紙との接触による変色

　酸性紙の保存において、酸性紙中あるいは外部からの酸を中和するために、アルカリ性紙が紙資料保存の現場で多く用いられている。アルカリ性紙は紙中に填料として炭酸カルシウムを含んでおり、抽出水がアルカリ性を示す紙のことである。わが国では一般に「酸性紙」に対するものとして「中性紙」という言葉が定着しているが、筆者は無酸無アルカリ紙などとの混乱を避けるために「アルカリ性紙」の表現を用いている。

　図書館で用いているしおりの紙質に関する問い合わせに対する評価試験として、異種の紙の間に挟んで湿熱劣化処理を行う、挿入試験法を筆者らは開発した。[4] pHの異なる数種の紙を用意し、アルカリ性紙への挿

入法で湿熱劣化させた結果を懸垂法（紙をオーブン内に個別に吊して湿熱劣化させる方法）と比較した〔図4〕。両方法において、酸性紙はアルカリ性紙や中性紙よりも変色が大きい。中性からアルカリ性を示す全ての紙で、挿入法は懸垂法より変色が抑えられたが、酸性紙については懸垂法よりも大きな変色を示した。これは、アルカリ性紙と酸性紙が接触することで、中和反応以外の反応が起こっていることを示している。[4]

　これらの実験は80℃、65%rhなどの高温高湿条件であったが、酸性紙とアルカリ性紙が接触したまま通常の環境に10年程度置かれていた場合でも変色している例が見い出されている[5]〔図5〕。

　以上の事実から、酸性紙とアルカリ性紙を接触させておくと酸性紙の変色が促進される場合があることが明らかになった。このことは、酸性紙の保存にアルカリ性紙を包材や間紙として直に接する形で用いた場合に、酸性紙の変色を促進してしまう危険性を示している。

2　被曝した紙資料の取扱

　放射線被曝には、放射性物質を体内に取り込むことで生じる「内部被曝」と体外の放射性物質からの放射線による「外部被曝」がある。「内部被曝」の防止は体内に放射性物質を取り込まないようにマスクをすることや、資料についた放射性物質を含むほこりをHEPAフィルターなどで吸引して室内に拡散させないなどの対策が有効である。「外部被曝」防止のためのキーワードは①時間、②距離、③遮蔽である。すなわち、線量率の高いものにできるだけ近づかない、あるいはその塊から離れて作業する。持ち運ぶ場合も柄杓のようなもので運び（小さい場合）、可能な限り体から離す。個別作業も、作業者間の距離を取れば、被曝量は減らせる。これは、距離の二乗で被曝量は減るからである。放射線の透過能の低いものは壁一枚でも大幅に低減するが、γ線など透過能が高いものは鉛の板などで遮蔽する。作業上被曝せざるを得ない場合は、影響の大きい体幹部を鉛のエプロンなどで、保護するのもよい。なお、指先などへは影響が少ない。

　大事なことは、その作業によりどの程度の被曝があるのかを、常にガイガーカウンターなどでモニターをすることである。また、作業終了後には、全身をくまなくチェックして、放射性物質を作業室外へ持ち出さないようにすることが肝要である。

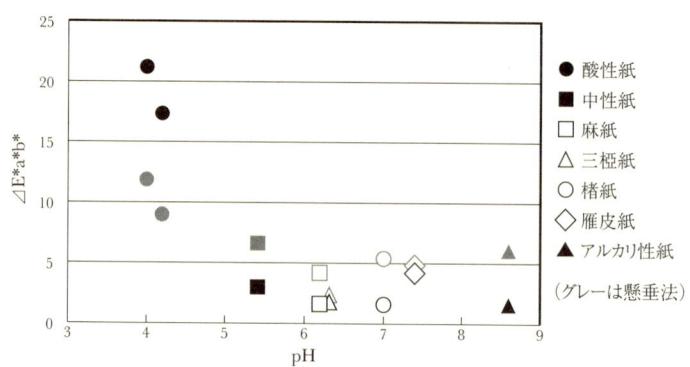

図4　各種のpHの紙をアルカリ性紙に挿入した場合の色変化（80℃、65%rh、4週間）

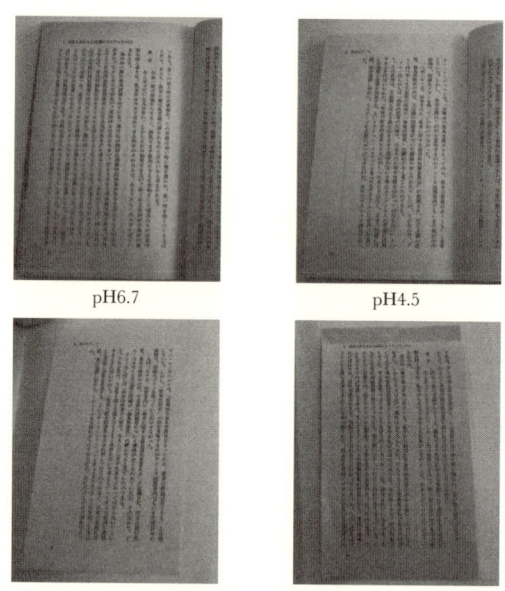

凡例：
- ● 酸性紙
- ■ 中性紙
- □ 麻紙
- △ 三椏紙
- ○ 楮紙
- ◇ 雁皮紙
- ▲ アルカリ性紙

（グレーは懸垂法）

pH6.7　　pH4.5

図5　アルカリ性紙冊子に挟まれていた酸性紙とアルカリ性紙の変色

共に1989年発行の岩波新書で2001年の状況
上段は図書館に所蔵されていた同一本の紙
下段は資料集「本の紙の劣化と保存―歴史に沿って―」（CAP編集室、1989年）のアルカリ性紙にはさまれて収録されていた部分で、右下の酸性紙の変色が一番進んでいる

被曝許容量は一般人で年間1mSvである。事前に講習を受け、身体検査、血液検査を受けて放射線作業従事者として登録したものは100mSv/5年、かつ50mSv/1年（ただし、女子は5mSv/3ヶ月、妊娠中、あるいは妊娠する可能性のある女子は作業させない）、また緊急時には250mSvまでの被曝が許容されている。放射線被曝の影響には遺伝的影響があり、また、がんなどのように発症までに時間がかかる（20～30年後がピーク）ものもあるので、若い人よりも年を取った者の方が、放射線による悪影響は相対的に低くなる。

1) Tanya T. UYEDA, Kyoko SAITO, Masamitsu INABA and Akinori OKAWA, "The Effect of Cooking Agents on Japanese Paper", *Restaurator*, 20, 1999, pp119-125.
2) Masamitsu INABA, Gang CHEN, Tanya T. UYEDA, Kyoko Saito KATSUMATA and Akinori OKAWA, "The Effect of Cooking Agents on the Permanence of Washi (Japanese Paper) Part II", *Restaurator*, 23, 2002, pp.113-144.
3) 伊藤奈々、稲葉政満、近藤文「日本画用紙の保存性に及ぼすにじみ止め処理の影響」、第7回東京藝術大学保存科学研究室発表会、2007年。
4) Masamitsu INABA, Motoko IKEDA, Kyoko S. KATSUMATA, Takayuki OKAYAMA, Osamu NAKANO, and Syuji KAMIYA, "Insertion-Accelerated Ageing Test of Paper for Conservation—Increase in Discolouration of Acid and Alkaline Paper Interface—", *Works of Art on Paper, Books, Documents and Photographs: Techniques and Conservation*, Baltimore, 2002, pp.104-107, IIC.
5) 稲葉政満、高木彰子、山口佳奈、桐野文良、木部徹「挿入法による紙劣化試験——色変化に及ぼす圧力および湿度の影響——」『文化財保存修復学会誌』第49号、2005年、100～107頁。

第3部-1

紙を飾る日本
——和紙の技術的特徴

増田 勝彦

はじめに

　日本人は外部から導入した技術を独自に緻密、精巧、分化の度を高め発展させるといわれるが、和紙の技術的検討を進めていると、紙造りにおいても同様なことが見えて来る。

　正倉院文書料紙の時代を出発点として、平安時代に大きなピークを迎え、鎌倉、室町時代を経て、江戸時代に広範囲な分野まで普及した紙造りが、その後明治以降は新しい工業技術の波に揉まれ新たな道を探ることになった。その手漉き和紙技術の中でも加飾法の面から、和紙の技術的特徴を見てゆこうと思う。

1　正倉院文書の加飾紙

　正倉院には膨大な量の文書が保存されているが、中でも当時から宝物として納められた文書には美しく加飾された料紙が使われている。平成22年（2010）秋の第62回正倉院展では、色麻紙、絵紙、吹き絵紙の3種類の技法による加飾紙が展示された。それらは、色麻紙は紙を染めて着色したと見え、絵紙は、巧みな筆使いで麒麟や雲を描き、吹き絵紙は、型紙を置いた上に染色液を吹きかけて文様を白抜きに表している。吹き絵の技法は「鳥毛篆書屛風」の下地文様としても使われる。

　「杜家立成雑書要略（光明皇后御書）」1巻の料紙は、数色の色紙を貼り継いだ複雑な使い方で、その内訳は、青系1紙、赤系6紙、茶褐色系6紙、紫系1紙、白系5紙、という構成である。他にも「王勃詩序」「東大寺献物帳屛風花氈」「東大寺献物帳藤原公真蹟屛風」「大小王真跡帳」

などに着色料紙が使われているが、「東大寺献物帳藤原公真蹟屛風」の料紙は、青色繊維混抄による着色ではないかと思われる。

同時代の料紙で、染めによる着色ではなく、染めた繊維を利用していた事実が報告された。東京国立博物館所蔵「法隆寺献物帳」（天平勝宝8＝756年）の修理報告書[1]によると、表紙の色は薄い藍色を呈しているが、無色の雁皮繊維25％に藍色楮繊維74％を混合して漉き上げた混抄紙であるとされている。

染めや描画、金銀箔による加飾は、中国の料紙にも見ることはできるが、この時代、前もって繊維を染めておき、その繊維をあたかも絵の具のように使って料紙に色をつける例は、日本以外には見ることができない。日本独自の技術と言って良いだろう。

着色繊維による紙の加飾は、平安時代に大きく発展するが、その発展を下から支えたと思われる紙漉き道具がある。それは簀を押さえる上枠だ。その存在は、2007年度の正倉院文書調査で認識された。「東大寺封戸処分勅書」[2]には、漉簀（すきす）を前後に揺らした時の返し波によると思える波形筋が、透過光で見えたのである。返し波は、簀を押さえる上枠に水が当たってできる波で、漉簀には押さえの上枠があったことを物語っている。この上枠の存在は、紙漉き技術に日本独自の発展を許した。枠が有ることですくい上げた水が、しばらく枠内の簀の上にとどまって、紙漉きに工夫の為の時間を提供したという訳である。

このことは、中国や韓国の手漉きの様子を見ると納得が行く。双方ともに上枠が無いので、すくい上げた繊維を含む水は直ちに簀の周囲から流出してしまうのである。

2　平安時代の加飾紙

平安時代は料紙に対する加飾が積極的に行われ、ひらがなが活躍する和歌の書だけでなく、仏教経典さえも華麗に彩られた加飾紙に書かれるようになる。

着色繊維を使った料紙加飾法のうち、通文（とおしもん）、羅文、飛雲、打雲（打曇とも）は、全て一度通常の紙（地紙または下地紙と称する）を漉いた上に着色した繊維を漉き掛けて文様を表している。それらは、奈良時代から行われている着色繊維の混抄技術が発展し、地紙の上に、着色繊維を漉き重ねて無地色を得る技術の発展と見られ、紙漉職人が直接その文様

作成に関わったのは明らかであると思う。

　ここで、通文、羅文、飛雲とその文様を作るための繊維調製について触れなくてはならない。平安時代に行われ、後世行われなくなるが、その技術的原因は、繊維の微細切断、高度な叩解にあると思っている。注2で書いたように、麻と思われる繊維が2mmに切断されていることと、その紙表面がなめらかできめが細かいことは、『延喜式』に書かれている麻原料に対する処理に従った結果だと思われる3)。

　実際、正倉院に伝えられている献物帳や隋・唐の写経料紙の繊維は、麻も楮も短く裁断され叩解された繊維で抄造されている。4)

図1　平安時代を目指して試作した羅文紙(上)と打雲紙(下)

　平安時代には繊維の形が見えないほど裁断された着色繊維で文様が表現されるものの、室町時代の打雲になると雲の先端が太く濃く、本来の長さが見えるほどの繊維で形成されているのが観察される。

　したがって、着色繊維を細断して抄紙している8世紀の「法隆寺献物帳」本紙以来、繊維の切断が技術として知られていた平安、鎌倉時代までは羅文などの加飾紙が創られたが、その後現代まで生き延びた打雲では、切断されていない繊維が使用され、文様の趣も変遷しているのである。

3　江戸時代から現代へ

　室町時代には、すでに奈良時代以来の繊維調製方は忘れられ、麻の使用は見られず、楮と雁皮を中心に現代に通じる紙漉きが広く行われるようになった。

　ただ、江戸時代の紙造りの中で、特異な紙が展示されたことがある。東京国立博物館で開催された陽明文庫創立70周年記念特別展「宮廷のみやび　近衛家1000年の名宝」(2008年1月2日〜2月24日)での、多様な打雲紙がそれだ。

　現在、行われている打雲は、染めていない白い地紙に天藍地紫とされ

料紙上部に藍染め繊維による雲、下部には紫色に染めた繊維による雲の配置が常態だが、近衛家熈筆の「重修物外廬記」5)では、第1紙から7紙に至るまで、以下のような打雲が施されていた。各上下2段同色で①藍紙に白雲、②薄茶黄土紙に濃茶雲、③薄紅紙に藍色雲、④白紙に黒雲、⑤薄墨紙に赤茶雲、⑥藍紙に白雲、⑦黄土紙に濃茶雲。

このような試みがある中で、着色繊維によるほとんどの加飾法は、天藍地紫の打雲や水玉文様に限られた状態で明治を迎える。ただ、地紙の上に着色繊維を漉き重ねるアイデアを受け継いで、西洋の工業的な考え方を取り入れながら、加飾紙を発展させているのである。

大正時代に開発された大典紙では、単に手ちぎりの長い繊維束を漉き込んだ紙を言うのだが、その後開発された雲竜紙はネリ（粘剤）とよく混合した長い繊維束に硫酸礬土を加え、花弁状に凝固させたものを混入して漉いている。

この時期に各種開発された加飾紙にはたびたび硫酸礬土の利用が見られるが、その初見は、昭和4、5年（1929、30）頃に当時の高知県製紙工業試験場長深田繁美と小路位三郎が研究の結果考案した「雲芸紙」の抄紙工程である。まず着色した紙料であらかじめ地紙を漉く。別に着色した紙料2種にネリを入れ、さらに硫酸礬土を少量入れて凝固させる。この紙料を紗をひいた簀の上に流し込み平らに延ばす。その際、硫酸礬土で凝固させてある紙料は雲状に絡み合うが混合して中間色になることがない。色の境目は明確なので、これを先の地紙と漉き合わせ、仕上げにロールをかけて紙面を平滑にする。

この工程に見られる、①硫酸礬土の利用、②地紙と加飾層の漉き合わせ、③ロール使用による紙面の平滑化の3点の特徴は、滝匠氏の大礼紙、オボナイ紙、岩野平三郎氏の雲華紙、美濃の春木紙など、昭和10年頃に新しい手漉き和紙として登場した加飾紙に共通する技術であることが分かる。

このように、漉き重ねの明礬の利用による新しい雲紙、雲竜紙系統の開発が目立つ。それまでの和紙では、未分離の繊維束は紙の品質を落とす物と考えられていたが、長い繊維束を景色として積極的に取り入れ始めたのだ。さらに、トロロアオイ（黄蜀葵）の粘剤を十分に絡ませた繊維に明礬を加えると、繊維がまとまって分散しにくくなる性質を利用して、長短があり多色の繊維を雲として全面に漉き掛ける。地紙の上に

直接漉き掛けたり、別な紙に繊維による文様を造り、地紙に漉き合わせることで、多様な装飾用の紙を提供できるようになったのである。

このように、日常生活のための資材としての手漉き和紙が機械漉き和紙や機械漉き洋紙に取って代わられる中で、日本の手漉き紙は加飾の多様性に活路を見いだし、工芸的な性格を強く打ち出して生き延びていると思われる。

1) 『修復』第5号、岡墨光堂、1998年。
2) 平成19年度（2007）の調査メモによると、
   中倉14東大寺封戸処分勅書（縦29.0cm長87.5cm）
   文字上の毛羽だった繊維長は2ミリ強、紙中の褐色繊維束も2ミリ強、勅の文字上端のセンイ、フィブリル化している。
   センイ切断強叩解度の麻紙風合（以下略）
   とある。
3) 『延喜式』「図書寮」には成紙を得るまでの原料別工程別ノルマが書かれているが、工程の中に「截」と「舂」の文字があり、それぞれ原料の細断と臼による叩解を示しているとされる。
4) 「正倉院宝物特別調査 紙（第2次）調査報告」『正倉院紀要』第32号、2010年3月に発表されている。同紀要は正倉院のウェブサイトから入手可能。
5) カタログ番号No.85「重修物外廬記」近衛家凞筆、陽明文庫蔵、1巻、彩箋墨書、縦29.6cm、全長476.0cm、享保19年（1734）。

第3部 - 1

和紙の展望

長谷川 聡

　和紙を取り巻く環境は、年を経ながら確実に変化している。むろん全国各地でその内容は一律ではないが、ここ20年の間でも様々な進展と後退が起こっている。私自身、美濃の地に来て手漉き和紙の製造に従事し始めてから今年で22年目を迎えるが、それら多くの変化に関わりを持ちながら現場を見てきたつもりだ。

　言うまでもなく、和紙の世界は大きな広がりを持っているため全体を通して述べることは非常に困難なことである。

　そこで今回は、私が直接体験してきた手漉き和紙の産地美濃の時間経過とその内容を中心にして次の三点（和紙の生産現場の移り変わり、後継者としての担い手の変化、和紙に求められるもの）について論じ、今後の和紙業界の展望を予測してみたいと思う。

1　和紙の生産現場の移り変わり

　私が最初に訪れた平成3年（1991）当時でも、美濃は各種の和紙の生産に加えて、関連した用具の製造なども含めた産地を形成していた。戦後には域内に1000戸を超える生産者のいた産地だが、当時の和紙の生産者は30戸程度、桁、簀、刷毛といった用具の製造業者は3戸にまで集約しながらも、地元だけでなく全国各地へ向けて和紙製品や用具を供給していた。

　原材料の楮(こうぞ)の生産は一部の行政の取り組みを除いてすでに途絶えしまい、その供給元を他県や海外に依存しながら、伝統産業向けの素材供給を中心に各種の和紙を生産していた。工場的な生産現場はすでに機械漉

きの業態に形を変え、手漉き和紙生産のほとんどが家族経営のしかも高齢の夫婦によってのみ構成されるような、零細な生産者になっていた。盛んであった障子紙や表具用紙、近隣の産業向けの提灯紙、傘紙、伊勢型紙用原紙、他産地の技術を導入した金箔保管用の箔合紙、さらには美術紙と呼ばれる工芸品の加工用などに用いられる紙などが、一般の趣味の手工芸向けなどにも使用され、全国各地へと供給されていた。

　また、和紙の将来性への不安から家業を継ぐ若い従事者は少なく、60歳から80歳代までの生産者が中心で、経験年数は40年以上の、技術者というよりはむしろ生活の一部として和紙と共に生きてきた方々によって構成されていた。市場の規模が縮小してきているとはいえ、当時はまだ既存の伝統的産業の中で、素材としての手漉き和紙はある程度の数量を必要とされていた。たとえ高齢者ではあっても既存需要に応えてきた熟練の生産者たちは、収益の少ない需要にも活躍の場を見出し熟練の技術を駆使して生産と供給を続けていたのである。

　しかしながら生産者の高齢化と市場の規模縮小の動きは、年を追うごとに進行してくる。マスコミなどの報道で生産者の高齢化や後継者問題を決まり文句のように取りあげている中にあって、意外に思われるかもしれないが当事者である生産者らはむしろ冷静であった。別な見方をすれば後継者と高齢化のことは特に問題とは考えずに、市場規模の縮小による需要の減少の方が課題の本質だと受け止めていたのだろう。後継者養成の必要性は、看板となる伝統産業を失いたくない行政と生産現場を絶やすまいと考える一部の生産者だけに認識されているように感じられた。

　そのような産地の中に故古田行三氏の協力を得て、私は外部からの研修者として参加することになった。

2　後継者としての担い手の変化

　和紙の生産は代々家業を受け継ぐ形での継承が続いてきた。それゆえ外部からの後継希望者があっても、産地内では現実的なものとしては考えてこなかったのだろう。生産者の跡継ぎはすでに別の仕事に就いている場合がほとんどで、家業を継ぐ形での仕事の継続は美濃では現実味を失っていた。私の場合も、将来が見通せない手漉き和紙の仕事に、他県から大学卒の若者がわざわざ見習いに来るという、奇妙な話のように周

囲ではとらえられていたようであった。

　しかし、一つの変化のきっかけにはなったのだろう。外部からの研修者でも、徐々に生産者として仕事を続けていくことで、僅かずつではあるが前向きにとらえ始めてくれているようであった。全国各地の産地でも同じような取り組みが行われ始めていた。自治体などの行政機関が後継者養成のための施設や制度の準備を整え始めた例や、個人の生産者の中にも外部からの研修生を受け入れている例が出てきていた。中には海外からの研修者がいる場合さえ見受けられた。

　美濃の他の取り組みを挙げれば、自治体が研修生のための奨学金制度を条例化し経済的な支援を始めたことや、初歩的な研修講座を開設して研修希望者が参加しやすい機会を設けたこと、さらに業者が加盟する団体や自治体などが研修のための施設を設置したことに加え、若い研修者らの活動に資金援助や協力を申し出る業界の協力者などが現れたことなどが挙げられるだろう。これらの多くの取り組みは、積極的に若手研修者らの活動を支援することにつながった。

　現在、美濃で和紙に従事する外部からの研修者と独立して生産活動を始めている生産者の合計数は10名を超え、産地の様子を変えるほどになってきている。景気の低迷や若い世代の職人志望の広がりなどから、研修を希望する若い人材からの問い合わせは年々増えてきており、今ではその受け入れ対応に苦慮しているのが実情だ。決して全てが好転しているわけでなく、また、若い生産者らの経営面での課題や産地全体に関わる課題は山積みの状態のままではあるが、20年前の産地が予想していたものとはやや異なった状態になっていることは間違いないであろう。

3　和紙に求められるもの

　若い研修者らへの世代交代を期待して養成事業を進めてきたのではあるが、家業を手伝う形で後継者養成を進めた一部の例を除けば、若手生産者への生産の移行は、すべてが期待通りには進んでいない面があると認めなければならない。要因としては、和紙の既存需要における収益性の課題と、関係者の和紙に求めている認識の違いが挙げられるだろう。

　もちろん外部から研修の場を求めてくる若い希望者らは、将来の課題の困難さや当面の経済面での負担などについて覚悟を決めて参加してくる場合がほとんどではある。しかし技術の修練への課題に先に注意を向

けているためか、研修後自立して経営を担っていくことに対しての認識には、やや甘さが見受けられる場合が少なくないように思えてならない。

　既存の需要が必要としている和紙は、先人たちが「習うより慣れろ」と指摘してきた通りに経験を重ねるごとに熟練の度合いを増し、製品の品質と製造時の生産性を強く追求していく和紙といってよいであろう。しかもその将来性は厳しい環境にあり、市場が求める価格で製造し続けることや新たな販路を自力で開拓し、生産に必要な周辺の環境を整えるなど、経営に関するより大きな課題の解決をも同時に要求される。高齢の生産者の廃業に伴い、若い従事者がその需要を引き継ぐ取引を申し出ても価格や条件面で折り合いがつかず、買い手が離れていく例が見受けられるのは、その一例だろう。既存の生産が失われていく一方で、研修事業を通じて養成してきた若い生産者らが経営難に直面しているという難解な課題が発生してきている。

　もちろん若手生産者らもただ立ち止まっているわけではない。既存の製品とは違う新たな製品作りを手掛けるなど、産地の加工業者や消費地のデザイナーらと協力しながら、収益の確保できる新たな販路の開拓を、国内のみならず海外にまで拡げ実績を積み上げている例も見られるようになってきた。単に伝統的な和紙の製品作りだけでなく、担い手や製品の内容も大胆に変えながら、今後の可能性を作り出そうとしている。和紙と関わりを持ちながら生きていきたい、和紙の可能性を広げたいといった想いが、その活動の中心に位置しているのだろう。

　また、消費財や生産財としての和紙を必要としているのではなく、伝統的な和紙の生産が継続されていくことそのものを必要としている存在もある。産地を抱える自治体や手漉き和紙を取り巻く業界、さらには日本の文化を支えてきた文化財として存続を願う人々の存在だ。販売促進や観光振興のための資源として、また地域や文化の教育の対象として、今なお多くの地域は和紙の産地として期待を寄せられている。

　和紙に関わりを持つ関係者の間では、それぞれの想いが交錯する中で衝突や共感などを日々繰り返しながら今日を迎えてきた。かつて日本人の暮らしは当たり前のように大量の和紙を必要とし、その旺盛な需要が大量の和紙の生産を導き出してきた。日々の暮らしから和紙が消えるにつれ、市場の規模は縮小し和紙の生産現場を減少させた。今もその大き

な流れに変わりはない。和紙の拡大を願う力の乏しさが、市場の縮小の動きを抑えきれないでいる。

　ただ、和紙の担い手の中心は変わりつつある。担い手も和紙の生産者ばかりではない。価値観の違いは大きいが、担い手たちの行動する範囲が産地の垣根を超えることも起きてくるだろう。

　そして拡大を願う力の強い場所に彼らは集まり、その力を強めていくのではないだろうか。情報伝達の手段の発達に合わせるように、その活動も流動的になっていくかもしれない。これまでの産地間の競争とは異なる種類の競争が起きてもおかしくはない。産地の特色が失われるといった批判が起きることは容易に想像できるが、可能性の追求の方が優先されることになるだろう。もうすでに、その動きは静かに始まっているように思えてならない。

第3部-1
修復における和紙の役割について

宇佐美 直治

　修復とは、護り伝えられてきた文化財の現状を維持し、劣化を防ぎ、後世に伝えることを目的としている。和紙は、国内だけでなく海外の文化財の修復にも使用されていることが知られており、なかでも、東洋絵画や書の修復において、和紙は大変重要な役割を果たしている。絵画や書は和紙や絹に描かれており、掛軸・巻物・屏風・襖・衝立・額・画帖などの表具に仕立てて保存されるので、本紙にも、本紙の装飾や保護のための表具の仕立てにも、和紙が使用されている。このような和紙や絹に描かれた書画の文化財が現在に伝わっているのは、定期的に修復が行われたことによるものである。一般的に本紙の修復や表装替えの周期は保存状態にも影響されるが、100年から200年であるといわれている。

　現在の表具に繋がる技術は、6世紀のはじめに仏教とともに大陸から日本に伝来したといわれている。奈良時代の正倉院文書の中にも「装潢(そうこう)」という言葉が見られ、「装」とは料紙の裁断や継ぐことを指し、「潢」とは料紙などを染めることで、装潢師が経典の巻物の仕立てを行っていたようだ。やがて、巻物や書籍を仕立てる「経師」、掛軸を仕立てる「表補絵師」、屏風を仕立てる「屏風師」が出てくる。これらは、新しく仕立てるだけでなく、それぞれの修復も行っていたと考えられる。現在では、統合した仕事を行う表具師という呼称が一般的となっており、修復も行う。

　いつ誰によって行われたかというような修復の経緯が判明するのは、保存箱や表具の背面、また掛軸の軸木などに、修復についての銘文がある場合である。また、表具の添状などに修復についての記述がある場

合もある。古くから修復が行われていた事例として知られているのが、「法華堂根本曼荼羅」である。この曼荼羅は、奈良時代に描かれ、東大寺法華堂（三月堂）に伝わっていたものだが、現在はボストン美術館が所蔵している。この作品には、修復が何度か行われた痕跡があるが、背面の銘文により、久安4年（1148）にも修復が行われ、珍海が携わったことがわかる。珍海は絵画に秀でた画僧として知られている。当時は、寺院などで使用されている経典や典籍や絵画などを、僧侶が自ら仕立てや修復を行っていたといわれる。

　また、時代は下がるが、『妙顕寺文書』では、掛軸や巻物の軸木に修復についての銘文がみられることがあり、それによると、鎌倉時代の文書を江戸時代初期に本阿弥光悦が願主になって修復している。銘文に「修補宗二」とあり、この時、実際に修復に携わったのが紙屋宗二だったことがわかる。宗二の名は、「光悦町古図」にも記載されており、本阿弥家の唐紙師であったという。この時代の唐紙師が仕立てや修復にも関わっていたことがわかる。これらからも、表具の仕立てを行う者が修復にも携わることが通例であったといえよう。

　過去の修復は、銘文がある場合は少なく、新たな修復時の解体によって痕跡を見つけ、過去に修復されたことを知るのがほとんどである。現在の修復と比べると、かなり大雑把なものだが、欠損箇所の「繕い」や、折れが生じている箇所の「折り伏せ」、本紙の裏面よりの補強としての「裏打ち」等の和紙による修復痕跡が見られることから、修復には「和紙」が欠かせないものであったことがわかる。

　次に、修復に使用される和紙とその役割について具体的に見ていきたい。表具の修復は、本紙の修復と、修復した本紙を表具に仕立てるという、二つの工程に分けることができ、どちらの工程にも和紙は重要な役割を担っている。

1　本紙の修復における和紙

　本紙である絵画や書等は、和紙や絹が使用されている。修復する場合は、表具に仕立てられているものを解体して、本紙だけの状態にすることから始められる。そして、本紙の損傷状況に合わせて、修復を行う。

　①繕い紙（補修紙）

　本紙に、虫損部分や欠損部分がある場合には、本紙と出来るだけ同じ

ような補修紙や補修絹を探し、欠損個所を繕う。本紙が和紙の場合、原料（楮・雁皮・三椏・混合紙など）や簾の目の数や厚みが、本紙に出来るだけ近いものを探す。もし、似寄りの和紙が見つからなかった場合には、各地の紙漉きの方に依頼して復元補修紙を作り、本紙が絹の場合は、絹目や厚みの合った似寄りの絹を使用する。古い絹の本紙に新しい絹で繕うと、張りが違い本紙に悪影響を及ぼすので、古い絹が手に入らない場合は、人工的に劣化させた絹を使用する。

　このように、欠損部分を厚みや強度の似た和紙や絹で繕うことによって、表面の凸凹が少なくなり、修復後の本紙の傷みが少なくなる役目を果たしている。また、本紙の風合いに合わせた補修紙を使用することによって、作品としての価値も保つことができる〔図1〕。

②肌裏打ち

　本紙に直接行う裏打ちを肌裏打ちという。本紙を修復する場合や、表具替えの場合は、古い表具の解体に伴い、本紙から肌裏打ちの和紙を除去する。多くの場合、肌裏紙は本紙の痛みや、汚れなどの影響を強く受けているので、古い和紙を除去し新たな和紙で肌裏打ちを行うことによって本紙を補強し、本紙に張りを甦らせる。この肌裏紙には、基本的に繊維の絡みが多く強い和紙である薄美濃紙を使用する。薄美濃紙にも厚みがいろいろあり、本紙に裏打ちを施す場合は、本紙の「紙の目」（繊維の流れ）や厚さを考慮して裏打ち紙を選定する〔図2〕。

③折り伏せ

　本紙の、折れが生じている箇所や、将来的に折れが生じるであろう箇所に「折り伏せ」を裏面から施す。この作業には薄美濃紙を2mm程度の幅に細長く切った折り伏せ紙を用意して使用するが、これは、本紙を補強する役割を果たしており、これにより折れを防いでいる〔図3・4〕。

図1　虫損部分を復元補修紙で繕う作業

図2　本紙に薄美濃紙で肌裏打ちを施す作業

2　表具に仕立てる工程に使用する和紙

　古文書など、原型のままの保存が望ましい場合以外は、本紙の修復が終わった後は、本紙に相応しい表具に仕立てる。この表具に仕立てる工程でも、和紙は重要な役割を担っている。ここでは、表具の中で最も多くの種類の和紙を使用する掛軸を例にあげて説明しよう。掛軸は、巻いたり広げたりする「しなやかさ」と、床に掛けて鑑賞するときの「掛かり」（掛けた時の状態）の良さの双方が求められるので、技術的にも難しく、工程や材料においても多くの工夫がみられる。

　これらの工程のうち、和紙を使用する工程を紹介する。

　①肌裏打ち

　本紙の肌裏打ちについては、先述の通りだが、表具裂に最初に裏打ちをすることも肌裏打ちという。本紙の場合は補強するためで、裂(きれ)の場合は補強と変形を防ぐために行う。和紙は、薄美濃紙を使用する。裂の肌裏打ちの場合にも、裂の特徴に合わせて裏打ち紙の厚さを選ぶ。また、糊は新糊を使用する。

　②増裏打ち

　肌裏打ちは、本紙や裂の特徴に合わせて和紙の厚さを選ぶので、本紙や裂の厚みや「コシ」（強さ）が均一ではない。したがって、掛軸にする際に本紙と裂の厚みの調整をとるためにする裏打ちを、増裏打ちという。この時の糊は古糊を使用し、和紙は美栖(みす)紙を使用する。美栖紙は胡粉を入れて漉かれ、「簾伏(すぶ)せ」して乾燥させているので、柔らかい和紙である。

　③折り伏せ

　「折り伏せ」は、本紙の周囲に各部の裂を継ぎ合せる「付け廻し」という工程の後に、本紙や裂の継ぎ目など厚みの異なる部分で折れが生じないように行うもので、薄美濃紙を2mm程度の幅に切り、新糊を水で

図3　薄美濃紙を約2mm幅に細長く切って作る折り伏せ紙

図4　本紙の裏面から折り伏せ紙を施す

薄めたもので貼り付ける。

④中裏打ち

掛物全体の厚みを調整するために、美栖紙で裏面全体にする裏打ちを中裏打ちという。中裏打ちを施すことによって掛物全体に厚みが付く。古糊を使って中裏打ちした後、すぐに打ち刷毛(はけ)という特殊な刷毛で裏面から叩いて接着を強固にする。古糊を使用することにより乾燥後も柔らかさを保つ。

⑤総裏打ち

掛物の最終的な裏打ちを総裏打ちと呼び、宇陀紙を使用する。宇陀紙の特徴は、石粉を入れ漉かれているので柔らかさがあるが、美栖紙とは乾燥方法が異なるので、柔らかさの中にも強靱さがあり、総裏紙に適している。古糊を使い、裏打ち後すぐに打ち刷毛で裏面から叩いて接着を強固にする。

このように、表具の修復において、和紙は、本紙や裂の補強や、表具に厚みをつける、しなやかさを保つなど、多くの役割を果たしている。掛軸以外にも、屏風や襖の下張りには、厚みがあり強靱な石州紙と、目が詰まり風を通さない間似合紙を使用し、屏風の尾背(おぜ)(蝶番(ちょうばん))部分には厚みがあり強靱な黒谷和紙を使用する。このように、各産地の和紙の特質を充分理解して、工程ごとに、相応しい和紙が選ばれていることがわかる。

また、修復に使用する和紙の良し悪しは、本紙に影響を及ぼすので、原料や工程が安全な和紙を使用しなければならない。また、一般的に100年から200年といわれる本紙の修復や表装替えの周期を考えても、長期間安定した品質を保つことができる和紙が求められている。

修復前 　　　　　　　　　　修復後

図5 「絹本着色　吉雄耕牛先生像」（長崎大学医学部図書館蔵）

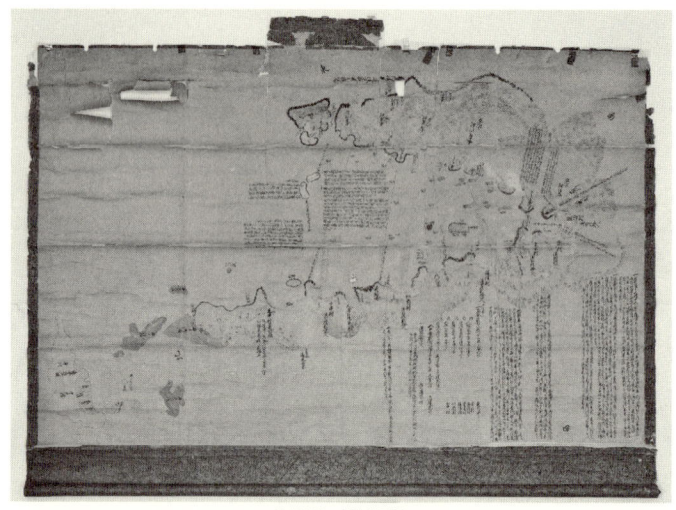

修復前（掛軸装）

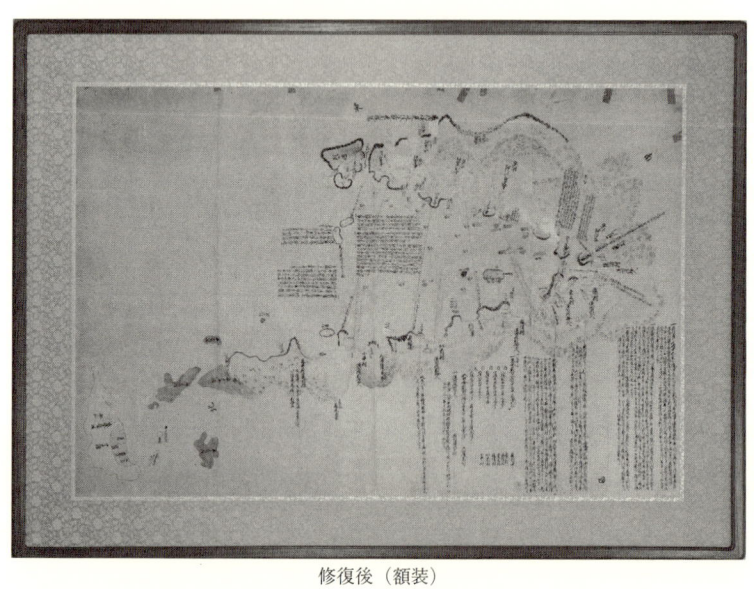

修復後（額装）

図6 「上五島における魚の目村、有川の海堺の絵図」（五島観光資料館蔵）
（2010年度 住友財団文化財保存修復助成事業）

第3部 - 1

パピルスの時代に、靭皮繊維を用いた紙は存在した?!

坂本 勇

1 非公開収蔵庫の扉の内を15年間見てきたコンサベータの責任

　デンマーク王立アカデミー・コンサベータ・スコーレで修復理念と技術を学び、コンサベータとなって以降、15年間にわたり数多くの世界の収蔵庫の内側を見る機会に恵まれた。非公開収蔵庫の中に入り、日本の研究書で読んだこともなかったクワ科靭皮繊維の白皮を打ち叩きのばして製作した樹皮紙 Beaten Bark Paper の文書や本を、インドネシア、ベトナム、メキシコ、アメリカなどで手に触れて調べてきた〔図1・2〕。

　現地の研究者の間でも、ほとんど知られていない樹皮紙に触れ、その歴史や技術を調べる過程で、様々な新発見をさせてもらった。アメリカ議会図書館の至宝となっている Huexotzinco Codex という16世紀の樹皮紙絵文書は、実物を見せてもらい写真では伝わらない美しさを感動込めて味あわせてもらった〔図3・4〕。

　1890年代のオランダのA. C. クルイット、1960年代の台湾の凌純声、メキシコのH. レンツらの先行研究において、図や写真が掲載されながらも、その後忘れられ謎に包まれていた「透かし模様 water-mark 製作用の石器ビーター」。同種の石器ビーターを探し求め、2008年8月にインドネシア科

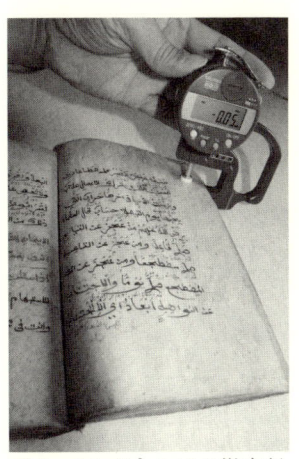

図1　インドネシアの樹皮紙ダルワンの本（厚さ0.05mm、17世紀頃製作）

学アカデミーの植物学者、インドネシア大学の考古学者らとチームを組みスラウェシ島中部に調査で入った。秘境地域にある農家の作業小屋で、偶然、探し求めていた石器ビーターを見つけたことは、夢が空想ではなく現実になることを教えてくれた〔図5〕。チャンパの村でも、5冊限定で用意されたうちの1冊がベトナムで最初の発見例となった樹皮紙の文書だった。メキシコでは、INAH（メキシコ国立人類学歴史学研究所）の事務所で調べてもらっても所在のわからなかった「透かし模様製作用の石器ビーター」をプエブラの博物館で見つけることが出来た。

さらに、2012年5月に中国の珠海デルタ（現在、世界最古とされる約6800年前の石器ビーターが出土した地域）周縁部の宝鏡遺跡から「透かし模様を製作する石器ビーター」〔図6〕の出土が報告され、招かれて見ることが出来た。あたかもこれらの経験は、広大な砂丘に落とした小さな真珠が、何十年後にフッと見つかるような不思議な経験だった。

これらのフィールド調査の経験を重ねていく中で、時代の変化を強く感じている。今も世界各地の紙の博物館などで使われる製紙研究家ダード・ハンター（1883～1966）の残した「世界の紙の伝播図」を見ると、東南アジア地域などに製紙技術伝播の痕跡がない空白エリアが広がっており、最新研究とのズレを意識するようになった。ダード・ハンターらの活躍した当時は、シルクロード沿いで発掘が盛んに行われ紙の

図2　透けるように薄く均質な樹皮紙ダルワン

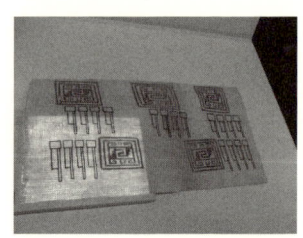

図3　アメリカ議会図書館の至宝となったアステカ期のアマテ樹皮紙文書(1531年頃製作)

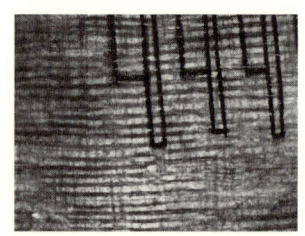

図4　図3の一部を透過光で見たアマテ樹皮紙(簾の目のように見えるのは、石器ビーターの筋目跡)

遺物発見事例が多かった時期だったが、反面、南の地域では遺物が残存しにくく、情報量では北と南の格差が生じていた。近年になって、やっと調査研究の進んでいなかった南の海洋地域の調査研究やオーストロネシア語族研究が活発になってきたことから、ダード・ハンターの残した空白地域に新たな情報を書き加えることが可能となってきた。

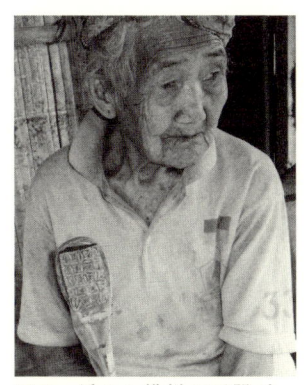

図5　透かし模様の石器ビーターの使い方を知る「生き証人」の老婦人（スラウェシ・バダ、2008年）

図6　中国・宝鏡遺跡から発見された「透かし模様を製作する石器ビーター」（約4000年前に使われたと推定）

2　南の樹皮紙は、"紙" なのか？

ジャワ島でこんな経験をした。2つのカゴにカジノキの白皮樹皮原料が1束ずつ入れてあった。2人の人が、それぞれ技術を駆使して、見事な製品を作ってきた。両方とも美しく、遜色ない薄さで、手に取った人々はその製品を使って神に供える切り紙を作った。後日、熱心なCさんが、それぞれの技法を教えてもらった。双方には、ひとつだけ差異があった。Aさんは、叩き棒で靱皮繊維を粉々にし、水に混ぜ分散させてスノコですくいあげ、木の板に干して作った。他方のBさんは、叩き棒で湿らした靱皮繊維を柔らかくし、そのまま木の板に干して作った。Cさん以外は、それぞれの製法を聞かなかったので、双方とも同じ技法で作ったと思っていた。ところがCさんから、その話を聞いた学者は眉をひそめ、Aさんの製品は「紙」だが、Bさんのは「紙ではない」と主張した。切り紙を作った人々には、Aさんの製品が紙で、Bさんの製品がなぜ紙でないのか、理解できなかった。学者は言った、紙の工業規格定義（日本ではJIS P 0001:1998. 4004に該当）に従った解釈です……。

このような学者の解釈に、アジアの国々の人々はハッピーだろうか？日本は、Aさんのような製法で紙を作る「紙の文化国」、でもあなたの国はBさん式の製品だから「紙の文化のない国」と言われると、悲しま

ないだろうか？　自分たちの国は、ヨーロッパ人が来航するまで、紙の文化を持たない劣った非文明国だったのか？

　学者の解釈は確かに、忠実に現代的な工業規格の定義を述べた正論かもしれない。しかし、"紙の文化のない国"とされた地域にあるBさん式の製品を、一般の方々は同列で扱い美しいと思って切り紙を作ったとしたら、学者の解釈は、差別を助長する悲しい立場と思える。共にAさんの製品も、Bさんの製品も、同じクワ科の靱皮繊維を使った製品ならば、技術の共通性、手触り、美しさ、素晴らしさを公平に判断していける世界に進化するように願っている。15年間アジアで調査研究を行ってきたコンサベータとして、ダード・ハンターの伝播図に空白とされた地域で、従前の紙の定義から人々を解放し、名誉を回復することを支援し、助力したいのだ〔図7・8〕。名誉を回復してこそ、古代に叩き延ばす高度な樹皮の紙を創始し、カジノキを携え世界の海洋に雄飛していったオーストロネシア語族の夢が引き継がれ、また現代によみがえっていくのだと考える。

3　科学的な紙の調査研究が進む2013年

　時代と共に「紙の調査研究」にも新風が吹き込み、技術革新をもたらしてきた。

　筆者にとって、この2013年はこれまで手の届かなかった新しい成果に接する年明けとなった。2002年から注目し、私財を投じて志向してきた「紙のDNA分析」に新たな1ページが加えられようとしている。

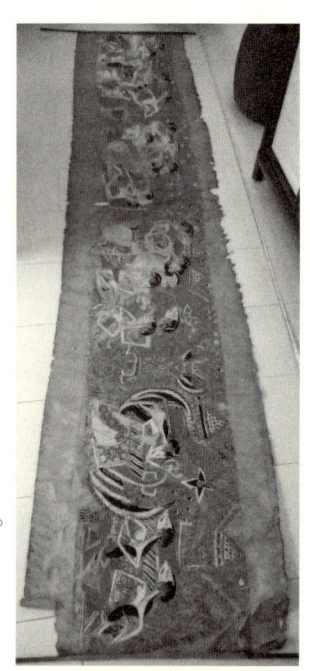

図7　樹皮紙で作られたインドネシアの影絵絵巻ワヤン・ベベール（継ぎ目はなく、約4m×80cm）

図8　語り手が絵巻の背後から透かして場面が見えるように非常に薄く均質に製作されている（平均0.07mm）

オーストロネシア語族と深く関わると指摘される原料植物カジノキについて、待ちに待った国境を越えたDNA分析速報データが届いたのだ〔表1〕。インドネシアのスラウェシ島中部およびジャワ島西部で採取した自生するカジノキ（クワ科コウゾ属、学名 Broussonetia papyrifera vent.）と、台湾の台東で採取した自生するカジノキが2400kmほど隔たっていながら同一グループである公算が非常に高いこと。また、日本に生育する主な和紙原料であるコウゾと南方原産のカジノキとが、どのような"つながり"であるのか科学的に解明され、謎の核心に迫っていくことがあと少しで可能となること、などデータは物語る。2007年に古文書から採取したDNAデータ（DNA自体は平安期の古文書からも採取に成功）との比較をすると、従来の顕微鏡分析では厳密に判別できなかったコウゾ属の樹種や原産地を特定できる可能性も見えてきた。冷泉家の乞巧奠（きっこうてん）などの儀式の歴史とも絡んで、その由来を解き明かしていくロマンにワクワクする思いだ。

ただ、速報データなので、今後さらなる点数を増やした分析を各所で行うことが求められるが、大局的な方向性が見えてきたことの意義は大きい。今後、カジノキと同属である日本各地に生えるコウゾが、外国産輸入コウゾで全滅してしまう前に全国的なDNA分析調査が実施され、和紙原料植物のルーツや変遷を科学的に解明しておくことは、今に生きる私たちの責任のように思う。

また、幻のように思い追いかけてきた「透かし模様を製作する石器ビーター」に関し、メキシコの考古学者から「マヤ絵文字の刻まれた石器ビーター〔図9〕が見つかった」という情報が届き、2013年1月に現地調査のためメキシコを訪問した。現地の考古学者との情報交換により、さらなる貴重な発見がもたらされる可能性に興奮する思いだ。

東京の紙の博物館で、2010年6月19日〜7月4日の期間に開催された企画展「新石器時代から花開いたアジアの樹皮紙の美」をご覧になった方々は記憶にあると思うが、

図9　マヤ絵文字の刻まれた石器ビーター（メキシコ出土、紀元8C末頃のもの）

表1 クワ科カジノキ等のDNA分析データ一覧

	サンプル名	採取地	28	142	245	310	365	395	413	417	434	448	450	452	454	468	469	477	479	481	488	492	495	500	503	グループ
1	Malo1	C.Sulawesi	C	T	A	C	A	G	A	12T	A	T	T	−	T	A	T	C	G	T	T	A	A	A	T	I
2	Malo2	C.Sulawesi	C	T	A	C	A	G	A	12T	A	T	T	−	T	A	T	C	G	T	T	T	A	A	T	II
3	Paper Mulberry3	C.Sulawesi	T	T	C	A	A	G	A	11T	A	T	T	−	T	A	T	C	G	T	T	A	A	A	T	III
4	Paper Mulberry4	C.Sulawesi	T	T	C	A	A	G	A	11T	A	T	T	−	T	A	T	C	G	T	T	A	A	A	T	III
5	Paper Mulberry5	C.Sulawesi	T	T	C	A	A	G	A	11T	A	T	T	−	T	A	T	C	G	T	T	A	A	A	T	III
6	Paper Mulberry6	Jawa Garut	T	T	C	A	A	G	A	11T	A	T	T	−	T	A	T	C	G	T	T	A	A	A	T	III
7	Paper Mulberry7	Jawa Garut	T	T	C	A	A	G	A	11T	A	T	T	−	T	A	T	C	A	T	T	A	A	A	T	IV
8	Paper Mulberry8	台湾 台東	T	T	C	C	A	G	A	11T	A	T	T	−	T	A	T	C	G	T	T	A	A	A	T	III
9	Paper Mulberry9	台湾 台東	T	T	C	A	A	G	A	11T	A	T	T	−	T	A	T	C	G	T	T	T	A	A	T	V
10	Paper Mulberry10	台湾 台東	T	T	C	A	A	G	A	11T	A	T	T	−	T	A	T	C	G	T	T	A	A	A	T	III
11	Paper Mulberry11	台湾 台東	T	T	C	A	A	G	A	11T	A	T	T	−	T	A	T	C	G	T	T	A	A	A	T	III
12	Paper Mulberry12	台湾 台東	T	T	C	A	A	G	A	11T	A	T	T	−	T	A	T	C	G	T	T	A	A	A	T	III
13	Paper Mulberry13	台湾 台東	T	T	C	A	A	G	A	11T	A	T	T	−	T	A	T	C	G	T	T	A	A	A	T	III
14	Paper Mulberry14	台湾 台東	T	T	C	A	A	G	A	11T	A	T	T	−	T	A	T	C	G	T	T	A	A	A	T	III
15	Paper Mulberry15	台北	T	T	C	A	A	G	A	12T	A	T	T	−	T	A	T	C	G	T	T	A	A	A	T	VI
16	カジノキ1	京都白峯神宮	T	T	C	C	A	G	A	12T	A	T	T	−	T	A	T	C	G	T	T	A	A	A	T	VII
17	カジノキ2	京都宗像神社東裏	T	T	C	C	A	G	A	12T	A	T	T	−	T	A	T	C	G	T	T	T	A	A	T	VIII
18	カジノキ4	京都北園橋	T	T	C	C	A	G	A	12T	A	T	T	−	T	A	T	C	G	T	T	T	A	A	T	VIII
19	カジノキ5	東京新宿御苑	T	T	C	C	A	G	A	14T	A	T	T	−	T	A	T	C	G	T	T	T	T	A	T	IX
20	コウゾ7	東京五日市	C	C	A	A	A	−	T	13T	−	C	C	C	C	T	G	A	A	A	T	T	T	A	T	X
21	コウゾ11	岩手宮古	C	C	A	A	A	−	T	14T	−	C	C	C	C	T	G	C	A	A	G	T	T	C	C	XI
22	コウゾ14	岩手花巻	C	C	A	A	A	−	T	14T	−	C	C	C	C	T	G	C	A	A	G	T	T	C	C	XI
23	コウゾ17	岩手岩泉	C	C	A	A	A	−	T	14T	−	C	C	C	C	T	G	C	A	A	G	T	T	C	C	XI
24	ヒメコウゾ8	東京青梅和田	C	C	A	A	A	−	T	14T	−	C	C	C	C	T	G	C	A	A	G	T	T	C	C	XII
25	ヒメコウゾ9	東京青梅和田	C	C	A	A	A	−	T	14T	−	C	C	C	C	T	G	C	A	A	G	T	T	C	C	XII
26	ヒメコウゾ10	東京青梅和田	C	C	A	A	A	−	T	14T	A	C	C	G	C	T	G	C	A	A	G	T	T	C	C	XIII

樹皮紙に透かし模様を浮き出すことが可能になるには、①良質な原料植物の使用、②原料樹皮および石器等の道具の高度な加工技術、③お札のように光に透過して初めて見える"透かし模様"を求める、美意識や神聖感が存在した、などの条件が揃う必要があった。その起源が、現時点での考古学上の物証からは4000年以上前とされ、パピルスが製作された同時代の新石器時代に、すでにクワ科のイチジク属、コウゾ属の長繊維の靱皮繊維を使い「美しい樹皮紙に透かし模様を加工できる技術が存在した」可能性が明らかになってきたのである。

　「紙」は、これからも「美しさ」「ロマン」を人類に届けてくれる、魅力的なモノであり、オーストロネシア語族の研究からは、神と人を橋渡しする白い媒体なのだ。

　樹皮紙について詳細を記せなかったことから、以下の論考を参考文献として載せておく。取り上げた文献の中で外国語のものも紹介しているので、外国語文献も参照いただきたい。また東京の「紙の博物館」図書室には、樹皮紙に関する寄贈文献で構成される「坂本文庫」があるので、役立てて頂ければと願っている。

【参考文献】
(1) 坂本勇ほか「オリジナル文化資源を重視する歴史研究および補論：インドネシア、ダルワン文書とDNA分析」『史資料ハブ：地域文化研究』第3号、2004年。
(2) 坂本勇「樹皮紙の埋もれた歴史」『百万塔』第130号、2008年。
(3) 坂本勇「中尾佐助の［紙のタパ起源説］再考」『ユーラシア農耕史』第4巻、2009年。
(4) 坂本勇「神と人をつなぐ樹皮紙〜ダード・ハンターの残した空白」『百万塔』第134号、2009年。
(5) 坂本勇「樹皮布文化とオーストロネシア語族」『BIOSTORY』12月号、2009年。
(6) 坂本勇「新石器時代に世界に伝播した樹皮布／樹皮紙」『民族藝術』第27号、2011年。

| 第3部 - 1 |

金泥経と紙
——天平金泥経に先人の知恵と技術を探る

福島 久幸

　ほどなく駿河の府を過ぎ、狐崎という所にいたる。それより江尻を過ぎて田子の浦にいたる。沖に三保の松原見ゆ。
　　　庵原や三保の松原そことなく
　　　　霞につゝく浪の遠方
　上記は、私が金泥(きんでい)で書き終えた、土佐の豪商、武藤致和(むねかず)らの尽力で成った史料集『南路志』の一節。続いて今は、土佐の国学者鹿持雅澄(かもちまさずみ)（1791～1858）が編著した土佐の民俗歌謡の集成である『巷謡編』を書いている。須崎市で生まれ育った私には、当地高岡郡の田植え唄などが収録されていて何とも懐かしいものである。

1　土佐山内家宝物資料館

　私は六十有余年、旧清水市（現静岡市清水区）で、歯科医として診療を続けてきた。一昨年90歳を目前にして引退したものの、筆の運びは止まらない。理系学生として、また戦時中でもあり、私に歴史や古典文学を課業として学ぶ暇はなかった。それが今まで見たこともないような郷里土佐の著作物を金泥書にしている。不思議に思わずにはいられない。
　実は昨年（2012年）から、土佐山内家宝物資料館で、私の試みた金泥書の作品や資料を活用保存していただいている。したがって現在、土佐の史料を書いているのも縁あってのことだともいえる。
　これら思いがけないことの根底に「金泥書」がある。金泥書に取り組んだきっかけは平成元年（1988）、奈良国立博物館で国宝紫紙金字「金光明最勝王経」を拝観したこと。その美しさへの感激は、何故金で文字

が書けるのか、千年余り経てもなお原型を保つ紙はどのように造られるのか、という疑問に変わった。その疑問を解くカギは、当時の高知県立紙産業技術センター技師であった、大川昭典氏の一言、「金泥書の用紙が天平時代と違うようです。少し紙を研究されたら……」にあった。

2　金泥経への道行き

　書の稽古は6歳ではじめた。好きだったのだろう、90歳を越えた今も書き続けている。歯科医師を生業としてきたが、一時は植物学者を志したり、謡や能に入れ込んだり、政治・思想的な活動をしたこともあった。思いがけないことに、それらのすべてが「古代金泥書法の研究」への養分になっている、そう思わざるを得ない。

　具体的には大川氏から、古代国分寺経に使われている紙が楮の繊維を5mm以下に切断して漉かれていることを教えられた。さらに増田勝彦氏との共同執筆、「製紙に関する古代技術の研究（Ⅱ）——打紙について」などにより、取りつきようのなかった『正倉院文書』の記事が技術的に体得できた。しかし、千年先人の金泥写経の技術をして現代に金泥経典を再生せしめることは体力と忍耐あってのこと、試行錯誤もまた造紙成功の一里塚であると、ふり返って思ったものである。

　金泥で書くのにふさわしい紙を造る、その工程は、「天平写経に学ぶ」として『KAMI』23号（2000年）、30号（2007年）、『紙の文化事典』（朝倉書店、2006年）などに掲載した。詳細はそれらをご参照いただきたい。

3　私の金泥書作業手順（概要）

①楮繊維を5mm以下に切断して紙を漉く。
②ムラサキの根を使い、色素シコニンをアルコール抽出をして漉き上がった紙を染める。
③20枚の紙に水分を与えて、平らな石台の上に置き、皮革で包み、全体を均しく鎚で打つ。
④紙20枚を継いで（約10m）、界（罫線）—上下2本の横線と、19mm間隔で縦線を引く。
⑤書写の前に、紙をさらにみがく（瑩紙）。用具は、猪牙あるいは瑪瑙や玉など。

　紙を打ったりみがいたりすることを熟紙加工という。この作業で紙の

密度や平滑度（表面のスベスベ度）を高め、同時に吸水度を低めて運筆を容易に、かつ金泥を剥離し難くする。

紙の用意ができたら、

⑥金粉と膠溶液を練和して金泥を造る。小皿の金粉1gに、匙で膠溶液1滴を垂らし、指先で練る。金粉が光るまでこれを繰り返す。膠溶液は水100ccに膠1.1～1.3gを溶かしてつくる。

⑦いよいよ金字を書く。金泥の比重に留意してとくに起筆時に慎重に筆を運ぶこと。私が使っているのは長くて細身、腰の強い面相長鋒筆。

⑧書いた金字の面をみがき出す。みがくというと表面の汚れをとってきれいにするという語感があるが、金字を猪牙などでみがくのは、字の表面を平滑にして、散乱している金粉の微粒子を板（ガラス）状にするため。これにより正反射が起きて光る。さらに金粉と紙の繊維がより強く接着して剥離を妨げるのである。

　紙漉き・染色・打紙・瑩紙・金泥と列挙したもののなじみの薄い言葉もあり、それらを作業につなげるのは容易ではない。おまけに「古代の」とつくと、その作法が伝統的に受け継がれているとか、マニュアルでもあるのならともかく、それらはほとんどない。専門家諸賢に多くの助力を賜りながら、全くの素人が自分なりの諸作業によって、おぼろげながらも古代写経生の智慧と技術を身に覚えようとは、思いもよらないことであった。

　上述した熟紙加工や金泥造りがまっとうか否かの評価は、向う千年を待たなければならない。それにしても、さまざまな工程における紙、および書写における金泥の状態を、電子・光学顕微鏡写真により視覚化、化学測定により数値化できたことは後進の方々にとっても大きな意味をもつと自負している。これもひとえに高知県立紙産業技術センターや大阪歯科大学に多大なるご協力をいただいてなしえたことで、感謝にたえない。

　研究作業結果をいろいろな形で残しはしたが、視力が落ち、物忘れを自覚する現在の私にとって、大切なのは指先の感覚である。運筆に快い紙の表面の滑らかさや金泥の仕上がり具合は指先で知る、といっても過言ではない。天平時代の装潢や写経生の熟練も、彼らの指先に宿ったのではないだろうか。

4　1枚当たり、金粉0.5g

　平成19年（2007）、紫紙金字「金光明最勝王経」10巻の東大寺への奉納がかなった。その3年後の平成22年、光明皇后1250年御遠忌法要が営まれ、私が奉納した「金光明最勝王経」が読師の高台に置かれる栄誉に浴した。この日のために古代金泥書法を探究し、作業を重ねたようにも思ったものである。

　平成20年には、国立科学博物館で開かれた「金GOLD　黄金の国ジパング展」に私の「金光明最勝王経」が展示された。私は同経典を2部書写している。このとき、横山一也理学博士から思いがけない指摘を受けた。「天平時代の金粉の量について、正倉院文書には『1両当たり28枚』とされている。当時の1両は金の場合は小両（14g）で換算されると考えられている。1枚当たりでは0.5gとなるが今回（福島が）復元した場合でもほぼ同量の0.6g程度が使用された。金粉の量は紙の質や膠液との混合で大きく異なると考えられるが、それがほぼ同量であったことは、当時の工程と同じように写経されたものと思われる」。

　因みに私は金粉の使用量を予め計算して書写してはいない。

図1　『金光明最勝王経』に見入る上野道善管長と筆者

図2　金泥書法実技講座・中央筆者（国立科学博物館）

卒寿を越えても古代金泥書にふさわしい紙や金泥を造ることに完成はない。本書は紙アカデミー25周年記念書とのことだが、おおよそ私の金泥書研究の歳月と重なる。本論文では今までに発表してきた熟紙加工と金泥造りを簡単に総括し、仕上げた作品資料がその後どのように受けとられたか、その一端を記したしだいである。

【前述以外の金泥書についての拙著】
・『図録　紙と古典と金泥書』青松アート、1996年。
・『天平金泥経典の謎』（金泥書料紙帳付）NPO法人金泥書フォーラム、2006年。
・『国宝の美』第33号、朝日新聞出版、2011年。

第3部-2

日本美術における紙と絵画

並木 誠士

　江戸時代後期の絵師伊藤若冲（じゃくちゅう）（1716〜1800）は、濃厚で緻密な彩色画がひろく知られているが、一方で、柔らかみのある水墨画にもまた魅力的な作品が多い。

　若冲の水墨画の多くには、筋目描と呼ばれる技法が用いられる。この技法は、筆を入れる順や、墨が紙に染みこむ度合いをコントロールすることにより、線状に白い部分を残し、それにより花弁や羽毛をあらわすものである。ここで若冲が選択した紙は画箋紙と呼ばれる。江戸時代には中国から伝来していた紙である。これにより、若冲が、じつは墨だけではなく紙をも十分に吟味して、この技法をもちいていることがわかる。つまり、どのような紙を選択するかが、絵画の表現技法と密接に結びついているのだ。

　日本の絵画は、ほとんどが紙か絹を支持体とする。なかでも、水墨画は、とくに紙の質が表現に大きくかかわってくる。本論文では、日本美術のなかで水墨画伝来以前と伝来以後、そして、近代における紙と絵

図1　伊藤若冲「牡丹図」
　　（細見美術館蔵）

画の関係を通覧してゆきたい。

1　水墨画以前

わが国に水墨画が伝来するのは、12世紀末から13世紀初頭、つまり、平安時代の末から鎌倉時代初期である。水墨画の伝来により、わが国の絵画は大きく変化する。ここでは、そのような水墨画が伝来する以前の状況をまず概観する。

現存する紙に描かれた絵画でもっとも古い時代のものは、上品蓮台寺、東京芸術大学などに分蔵されている「過去現在因果経」（絵因果経）で、8世紀の作品である。この作品は、いわゆる経巻の変化形であり、もともと紙に書かれていた経巻の上半分に挿絵風の絵を描いたものである。経巻は、多くの場合、紙に書かれており、以後も、経巻の見返し部分には絵が描かれた。

経巻のほか、平安時代には紙製の扇が多くつくられた。紙扇は、もっとも身近な絵画形式といってよく、そこには、和歌などを題材としてさまざまな絵が描かれた。

平安時代後期になると、紙に描かれた絵画として絵巻が登場する。いわゆる四大絵巻と称される「源氏物語絵巻」「信貴山縁起絵巻」「伴大納言絵巻」「鳥獣戯画」は、いずれも紙に描かれている。しかし、この四大絵巻、紙と絵の関係という点では同列ではない。「源氏物語絵巻」は、「つくり絵」という技法で、厚塗りの岩絵具を、いわば紙に貼り付ける表現である。一方、「鳥獣戯画」は、水墨画を思わせるような墨線とさらには墨のかすれなどもたくみに利用した表現になっている。「信貴山縁起絵巻」「伴大納言絵巻」は、着色画ではあるが「源氏物語絵巻」ほどの厚塗りではなく、とくに「信貴山縁起絵巻」は勢いのある墨の線を効果的に用いた表現になっている。ただし、「鳥獣戯画」や「信貴山縁起絵巻」は墨のにじみを抑えるために、鳥の子紙の表面に礬水（どうさ）が塗られている。つまり、礬水を引くことにより、紙は、紙本来の、あるいは、紙と墨のコラボにより生み出される「にじみ」という特性を抑制されていることになる。この点が、水墨画と決定的に異なる。なお、礬水の使用は、現代でもおこなわれている。

四大絵巻と同時期の紙で注目されるのは料紙装飾である。

料紙装飾とは、書を記すための紙（料紙）にほどこされた装飾を指し、

平安時代後期の装飾経の流行を背景に、染め紙、切継、墨流、金や銀の切箔、野毛、砂子など多様な技法で色とりどりに、多彩に装飾された料紙が制作された。なかでも墨流は、紙を漉く段階で墨を垂らして、その偶然のひろがりを紙の文様として漉きとる表現で、偶然の墨の流れを川に見立てるなどして装飾がほどこされることもあった。

料紙装飾の代表例が、四天王寺ほかに分蔵される「扇面法華経」や平家一門が奉納したことで知られる厳島神社蔵「平家納経」であり、西本願寺に所蔵される「三十六人家集」は、三十六人の歌人の歌集がさまざまな装飾をほどこした美しい紙によりまとめられている。

2 水墨画における墨と紙

前述のように、水墨画は平安時代後期には伝来している。前節であつかった「信貴山縁起絵巻」「鳥獣戯画」などに見られる筆のタッチも広義には水墨画の影響下にあるといえる。しかし、われわれが水墨画と考えるような墨のみの表現による絵画が描かれるようになるのは14世紀である。現存する作品は少ないが、たとえば14世紀初頭の知恩院蔵「法然上人絵伝」（48巻本）などには、水墨による襖絵が画中画として描かれている。

水墨画とは、中国で唐時代に成立をして、宋時代にはひろく市民権を得ると同時に、表現的にも多様な技法が確立し、また、中国洞庭湖周辺の湿潤な景色に想を得たとされる瀟湘八景図のような水墨画に特有な画題も成立することになる。

水墨画の特性とは、言うまでもなく、本来さまざまな色であふれている世界を墨の階調により表現するという一種の抽象表現であり、そこでは、線の抑揚やにじみ、かすれなども表現の重要な要素である。墨が重要であることはいうまでもないが、にじみやかすれが重要であるということは、むしろ「受け手」としての紙が表現に大きくかかわっていることを意味している。つまり、水墨画とは、墨、紙、そして筆の特性を使い分けて対象を表現するものだということがわかる。

わが国では、室町将軍家を中心に、中国水墨画の、とくに南宋時代（13〜14世紀）の作品が好まれた。具体的には、牧渓、玉澗、馬遠、夏珪などによる作品で、それらはわが国の絵師たちの手本となり、水墨画の技法や主題を浸透させることに役だった。室町時代には、水墨画を、

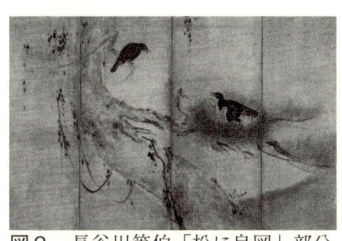

図2　長谷川等伯「松に鳥図」部分
　　（出光美術館蔵）

画題と連動させながら真・行・草という三つのカテゴリーに分類して受容している。真体は、楷体ともいい、輪郭線も含めて対象のかたちをはっきりととらえる表現であり、草体は、山水をあらわす場合に多く用いられ、墨のにじみやかすれなども駆使して、墨による多様な表現を山水と読み取るような表現である。行体は、両者の中間的なもので、花鳥・人物などに幅広く用いられる。草体のなかでも、とくに破墨、潑墨と呼ばれる技法は、墨のにじみやかすれのみを用い、それをコントロールして対象を表現する究極の水墨画法で、雪舟（1420〜1506？）が弟子の如水宗淵（生没年不詳）に与えた「破墨山水図」で典型的なように、破墨技法の伝授は、弟子に対する免許皆伝の証でもあった。

　そして、15世紀以降、水墨技法が浸透してゆくなかで、わが国にも、中国の規範的な水墨表現を離れて、個性的な水墨作品が生み出されるようになる。長谷川等伯（1539〜1620）の「松林図」やたらし込み技法を確立した俵屋宗達（生没年不詳）の「蓮池水禽図」などは、その一例である。そして、冒頭で触れた伊藤若冲の一連の水墨画も、その延長線上にある。つまり、水墨画の表現が多様になるとともに、紙の選択も表現の一部ととらえられるようになったと考えてよいだろう。

　ここで、江戸時代前期に著された画論書から紙と絵の関係を見てみよう。

　土佐派の絵師土佐光起が著した『本朝画法大全』（元禄3＝1690年）には、「不地紙」として「墨画にても薄彩色にても潜焉をいろふべからず、いろへば重くして賤し、潜焉を却て面白き事アリ」と記されている。本来、「潜＝にじみ」ということを意識しないはずの、いわゆる「つくり絵」の画系である土佐派の土佐光起をして「潜」がおもしろいと主張している点が興味深い。

　骨組みは『本朝画法大全』に先行して成立していたわが国で最初の本格的な画史画論書である『本朝画史』は、元禄6年に、京狩野の絵師狩野永納（1631〜97）が父狩野山雪（1590〜1651）の稿をまとめて刊行した。その巻五「附録　図画器」には、硯、墨、筆、紙などの項目がある。

墨の項目には、南都墨と平安墨が記されており、南都墨には「（略）、鶏卵紙上或膠礬紙上佳」とあり、平安墨には、「（略）、唐紙不引膠礬者、則相応矣」と記される。つまり、南都墨の場合は鶏卵紙（とりのこ）や膠礬紙の上に描くのがよく、平安墨の場合は膠礬を引いていない唐紙がよいと指摘されている。そして、紙の項目には、鶏卵紙として「以越前紙為上品、中品下品処々所作居多、以用之」とあり、越前紙がもっとも上質であり、それより質が落ちるものはあちらこちらでつくられていると記される。

　唐紙の項では「以官紙為上品也」としている。唐紙とは本来中国製の紙であるが、それを摸してつくられたものもいう。そして、父山雪の意見として「唐紙者先舐之、不取舌者善紙也、而其面厚重、其地濃者尚之矣」と記している。唐紙の質を確かめるために舌で舐めるという記述は、正徳2年（1712）に刊行された『和漢三才図会』にも記されており、当時としては共有されていた知識であったと思われる。さらに、「白紙者墨青色、薄紙者墨白色也、以是可知、墨色者極黒而謾不光者最上品也」と記し、白い紙は墨が青く見え、薄い紙は墨がうすく見えるので、墨の色が濃くて光らないものが最上であるとしている。

　また、美濃紙の項には、「雑紙雖有其類幾多、以美濃紙為上品、能施膠礬用之、所謂要用者則以真本臨之、模写而後為粉本」と記されている。多くの雑紙のなかで美濃製の紙を上質として、それに膠礬（礬水）をほどこして真作を摸して粉本とする場合にとくに用いるとしている。

　これらの記述は、狩野派という絵師の家に伝わった紙についての情報として貴重である。おそらく、一門の絵師に対する一種の手引きであったと考えてよいだろう。また、各地でつくられる異なる性質の紙を吟味して、比較しながら使い分けられていることがわかる。

　このことを裏づけるのが、希代の「もの」収集家として知られる前田綱紀が、17世紀後半に編集した『百工比照』である。これは、さまざまな工芸品に関する資料を集めたもので、その最初の部分で各地の紙のサンプルを収録している。綱紀自身が絵を描いているわけではないが、このように蓄積された紙についての知識や情報は、前田家周辺の絵師に共有された可能性はある。『本朝画史』の記述を参考に考えれば、国内各地がさまざまな特性をもった紙を生産していたこと、そして、それが情報として知られていたことがわかるだろう。

図3　竹内栖鳳「水村」部分
（京都市美術館蔵）

3　近代における画家と紙
——むすびにかえて

　明治時代以降、つまり、近代にはいると、また美術と紙の関係に変化が生じる。
　変化のいちばん大きな理由は、画家がみずからの個性的な表現・描法にふさわしい紙を選び、さらには、それをつくらせるようになることである。
　ここでは、竹内栖鳳（1864〜1942）の話をまとめた『栖鳳画談』に収録されている「紙に就いて」を読むことにより、近代における画家と紙との関係を見てゆこう。
　栖鳳は紙について「筆を下すと直ちににじむ。筆の水気を吸ひ取る」とその特性をあげて、「紙をこなしつけることは中々骨が折れる」とする。そして、「即ち紙をうまくこなしつければ、上手な画が描けるわけである」として、紙の選択の重要性を説く。
　そのうえで、「随分長い間、紙に就いていろいろ研究」した結果、越前の岩野製紙所がつくる紙にたどり着いたとする。岩野製紙所が栖鳳のためにつくった紙は「栖鳳紙」と呼ばれ、現在でもつくられている。栖鳳はこの紙の特徴を、純白であり、礬水を使わずに描ける——つまり、にじみがすくない——点であると記している。この文章のなかには、東京美術学校の初代日本画教授となった橋本雅邦（1835〜1908）が「雅邦紙」と呼ばれる特製の紙を使っていたことが記されており、また、横山大観（1868〜1958）も同じ岩野製紙所で紙をつくらせていたことが知られている。
　栖鳳も「日本は紙の製造が優秀」であると語るが、その優秀な製法により、画家の微妙な好みをくみ取って特製の紙をつくったことがわかる。近代美術の多様な表現を日本の優れた紙製造の技術が支えていたといってもよいだろう。
　文豪が原稿用紙や万年筆にこだわるように、というか、表現自体に直接かかわる日本画、とくに水墨表現にとっては、紙の選択は表現の一環ともいえるほどに重要な意味をもっていたと考えることができる。紙という視点から日本絵画を見ることにより、画家のもうひとつの努力を明らかにすることができるだろう。

第3部 - 2

芸術表現と紙
―紙のアート表現と可能性

小山 欽也

　近年では日本古来の紙文化が美術の新しい表現素材として注目されている。こうした背景の中から、紙という素材概念やジャンルを越えて、新しいアート表現に挑むコンセプトで、2001年に女子美術大学芸術学部立体アート・紙コースが新設された。彫刻を基礎に塑造、紙、木、石、金属素材の特質と魅力に触れながら、自由な表現の可能性を探る紙コースである。

　多種多様な素材の専門領域から従来の枠を越えてクロスオーバーし、紙について多角的に展開する。また和紙と洋紙の知識を体系的に学び、紙漉きの実技や加工を体得するカリキュラムである。さらに、世界の紙の歴史と技法から紙以前のシートフォーメーションのパピルス、タパ、アマテやアメリカの新しい立体紙造形のバキュームフォーミングマシンを導入して、新しいジャンルのアーティストを育成する教育を実施している。

　このような紙教育から生み出された紙作品の展覧会を2つ紹介する。
　〈PAPER SPACE展〉〔図1～3〕と〈女子美術大学＋アメリカ4美術大学による紙の国際交流展〉〔図4～19〕である。

図1　小山欽也「galaxy」楮、繭

〈PAPER SPACE展〉　銀座gallery女子美　2010年11月29日～12月11日
　女子美術大学立体アート・紙コースの教員による紙のインスタレーション展を行なった。

図2　小野文則「feel the wind」
　　　化学パルプ、ウレタン

図3　半澤友美「光を迎える」
　　　楮

〈女子美術大学+アメリカ4美術大学による紙の国際交流展〉

図4　女子美ガレリアニケ（東京）　2010年1月7～23日

この展覧会は紙のアートプログラムがある女子美術大学立体アートと米国4美術大学の国際交流展である。女子美術大学立体アート・紙コースと米国のマウント・ホリヨーク大学、カリフォルニア大学サンタバーバラ、アリゾナ州立大学、アート大学フィラデルフィアの教員と学生による紙のアート作品（68点）を展示した。
　当展覧会は伝統的な紙の技法を現代的な応用と新しい素材として多様な表現をした作品展である。紙の原料である楮・パルプ・綿・亜麻・マニラ麻等を使って自由な発想で制作し、紙の無限の可能性を模索している。当展覧会を通して日本と米国の紙教育と表現を提案して、次世代への願いを込めて企画した。

女子美術大学　小山欽也

　大学レベルでの日米間初の国際交流展がアメリカ4大学と女子美術大学の間でこの度実現した。日本側の作品にいわゆる西洋的な色の取り合わせや形が多く見られ、反対に米国側の作品には植物からの手漉き紙が多く、どちらかというと和紙らしい風合いを大切にしているものが数多く見られたもの興味深い。
　様々な伝統工芸が古来の伝承方法のみでは伝えられにくくなって来ている今日において、このような形で紙の可能性を改めて見直し、紙の魅力を存分に引き出している様々なアートの作品展が大学生を中心にしてできたことは本当に喜ばしい。これからの現代美術をになっていく若手のアーティストが、紙の奥深さを十分にとらえ、それを活かして作品で世界を舞台に活躍していって欲しい。この作品展をじっくり体験した方々は、誰もがアート界における紙の存在感と明るい将来に期待を寄せるであろう。これをきっかけに、これからも紙の国際交流がどんどん行われることに期待したい。

マウント・ホリヨーク大学美術学科　八柳里枝

　ここで紹介した展覧会以外にも紙の交流展を企画し、発表してきた。
　紙が造形美術の新素材として注目されるようになり、作家は和紙や洋紙の製紙技術を習得して、自らの扱う素材表現や制作方法で紙作品を制作している。
　今後も紙のルーツを見据えて、紙を五感で捉え、学生やアーティストが国際交流しながら、紙の芸術表現の幅広い可能性と発展を願っている。

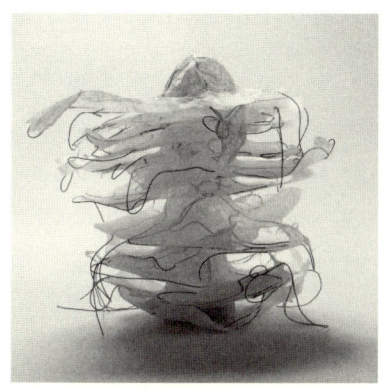

図5　小山欽也「connection」
（女子美術大学）
素材：手透き紙（楮）、糸、蒟蒻糊
技法：紙漉き（バキュームフォーミング）
コンセプト：テーマ「繋がり」を晒楮に蒟蒻糊と糸で紙漉きをし、手透き技法の和紙と機械製紙からきたバキューム・フォーミング技法による3次元の立体を表現した。

図6　八柳里枝「紙一重」「Paper Thin Difference」（Mount Holyoke College）
素材：手透き紙（楮）
技法：大型の紙を1枚は冷水で、もう1枚はお湯で漉き、お湯の影が冷水の紙の上に影を落としている。
コンセプト：紙一重というコンセプトを紙そのもので表現しようという試み。全く同じように漉いた紙が温度の違いだけでこんなに違う結果になってしまった例。紙一重の違いが思いがけない結果を招いている。

図7　小野文則「feel the wind vol.2」
（女子美術大学）
素材：化学パルプ
技法：オリジナルテクニック
コンセプト：～feel the wind～風を感じる。輝きある秋の風をイメージして紙素材の持つ透明感をいかして制作した。

図8　　　　　　　　　図9　　　　　　　　　図10

図11　　　　　　　　図12　　　　　　　　図13

図14　　　　　　　　図15　　　　　　　　図16

図17　　　　　　　　図18　　　　　　　　図19

図8　関島寿子「13葉の冊」(女子美術大学)／図9　天沼穂乃実「変わる」(女子美術大学)／図10　髙橋彩「rat」(女子美術大学)／図11　Rebecca Frances Jackson「Yellow Dress : An Exploration of Strength and Vulnerability」(Mount Holyoke College)／図12　Libby Garon「Three Ties」(Mount Holyoke College)　／　図13　Harry Reese, Sandra Liddell Reese「Cold Night」(University of California, Santa Barbara)／図14　Joshua Falconer「Counterpulp」(University of California, Santa Barbara)　／図15　John L.Risseeuw and Daniel Mayer「Eco Songs」(Arizona State University)　／図16　Marcia McClellan and Katherine Nicholson「Recordando las Animas: Remembering the Souls」(Arizona State University)　／　図17　Winnie Radolan「Papyrus Study」(University of Arts, Philadelphia)　／図18　Yuka Petz「Untitled」(University of Arts, Philadelphia)　／図19　Alisa Fox「Combat Fan」(University of Arts, Philadelphia)

第3部 - 2
表現の手段としての和紙の可能性
五十嵐 義郎

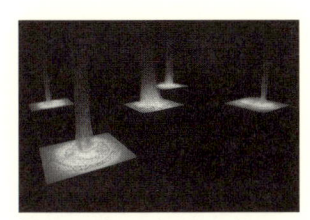

図1 ヒサエ・キムラ・イェール
「何を得て、何を失ったのか」
（2011年招聘・アメリカ合衆国）

図2 シャーマン・リーガー
「Dried electric leaves」
（2011年招聘・ドイツ）

　私は2007年に招聘アーティストとして、美濃紙の芸術村に参加し、2008・2009年は特別招待作家として作品制作し、2011・2012年はディレクターとして招聘作家のサポートをさせていただいた。このレジデンスプログラムの核心は、何といっても美濃市という地域の育んできたコミュニティーのすばらしさと、美しい長良川のほとりで四季の移り変わりを肌で感じ取れる環境の素晴らしさではないかと思う。その環境は、言ってみれば自然環境と密接な関わり合いの中から生み出される和紙という産業が育んできたものでもあるだろう。
　この事業の特徴を個々とりあげれば言い尽くせぬものではあるが、ここでは私が多くのアーティストたちの作品制作を間近で見、多様な作品が生みだされてゆくなかで感じた表現の手段としての和紙の可能性を、数々の作品群の中から特徴的なものをいくつか提示しつつ述べていきたい。

1　伝統的なモチーフから現代を提起する
　図1は作家が美濃市に滞在するなかで、そこに住まう人々の伝統から

着想を得て現代的なコンセプトと結び付けた作品である。この作品は3.11の地震によって引き起こされた原発事故に象徴される、現代の我々の生き方をテーマとして製作された。ブラックライトによって青く光る化学漂白紙のライトボックス上に、和紙で編んだ漁網が吊るされ空間にぼんやりと光っている。長良川の川漁で古くから用いられる漁網は、その網目を抜けるもの、引っかかるものを選択することから、得るものと失うものとして象徴され、ブラックライトは自然界のスペクトルのなかで普段見ることが出来ない光（放射線）を可視化する現代の技術として、作品に用いられている。

2　マテリアルの極限

　図2の作品は手漉き和紙の生産される簀桁サイズのカラー工芸紙に、シンプルな幾何学的パターンの穴を開けたのみの方法でつくられたものであるが、紙裏から工芸紙やカラーアクリル板を差し挟んだ柔らかな色彩光を与え、紙が2層3層と重なり合うことで穴から漏れる光が視覚にモワレの効果をもたらす。シンプルな構造ながら、東洋と西洋、有機と無機、伝統と現代等の相反する要素がスパイスとなり絶妙に組み合わさって、瞑想的な空間をつくり出している。ストイックに手漉き和紙というマテリアルの極限を目指す姿勢は、ドイツ人ならではの文化的背景を感じさせる。

3　トランスカルチャーの新発見

　手漉き和紙のマテリアルな特徴を生かした作品だけでなく、紙を通じて日本人の我々が慣れ親しんだ伝統的モチーフを、外国からやってきた作家が思いもよらない手法で新しいイメージを生み出す面白さも、このプログラムにはある。図3の作品は友禅和紙を背景に、日本のスーパーヒーローなどのモチーフが水彩画で精緻な筆致で描か

図3　サボー・クララ・ペトラ「Enter my world Noriyo」（2012年招聘・ハンガリー）

れ、色彩豊かにコラージュされる。ハンガリーの作家が日本を旅するなかで恋したイメージによって作品世界を創造し、その世界のなかに絵本

を見るように旅する我々は、初めてみるような色彩を目にすることができるだろう。この合わせ鏡のような構造は、異文化のアクシデンタルなミックスという点で、ヴァン・ゴッホと日本の浮世絵との関係のようでもある。

第3部-2
美濃・紙の芸術村
須田 茂

　美濃市は、1300年の歴史を持つ美濃和紙の産地であり、古くは正倉院文書に美濃の紙が記録されている。江戸時代には、特に美濃判として障子の規格となった。市の中心部は、江戸時代初期に町割りが完成し、重要伝統的建造物群保存地区に指定された「うだつ」の町並みが残っている。

　「美濃・紙の芸術村」事業は、平成9年（1997）にまちの活性化と文化芸術、国際交流の促進のためにアーティスト・イン・レジデンス事業として始まった。国内外のアーティストを招聘し、美濃の町並みにある工房で美濃市の伝統的産業である和紙を使った創作活動を行っている。

　住居は、ホームステイ方式で提供することにより、芸術だけでなく日本の文化や習慣についても、より深いレベルでの係わりが持てるようにしている。来日するアーティストのほとんどが日本に来るのは初めてである。自国とは違う文化、風俗習慣に戸惑うことも多々あることと思う。大きな不安を抱いて日本に来るアーティストをサ

図1　うだつの上がる町並み

図2　アーティストとボランティア（工房前）

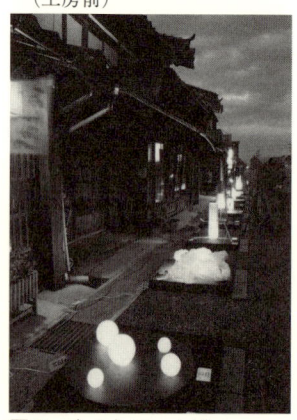

図3　あかりアート展

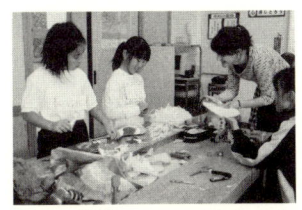

図4　学校でのワークショップ

図5　紙漉き研修

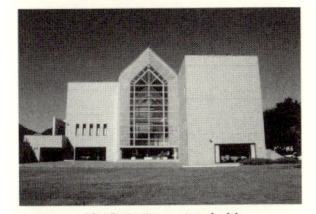

図6　美濃和紙の里会館

図7　作品展

ポートすることは、重要な課題だ。これらのサポートや芸術活動全般のサポートは、全てボランティアによって支えられている。

「うだつ」の町並みを会場に、毎年10月に開催される美濃和紙を使った「美濃和紙あかりアート展」には、毎年全国から多くの出品がある。

夕刻になるとあかりオブジェに一斉に灯が入り、うだつの町並みを幻想的に照らしだす。この「美濃和紙あかりアート展」は、市制40周年記念にあわせて平成6年から始まった。「美濃・紙の芸術村」が招聘するアーティストは、9月中旬に来日し、3か月間滞在する。「美濃和紙あかりアート展」までには、来日して1か月ほどしかないが、来日早々で日本に慣れない時期にも関わらず、招聘したアーティストは毎年作品を出展し、今までに多くのアーティストが入選をしている。

滞在期間中アーティストは、作品の制作のほか、作品制作中の工房公開や作品展のアーティストトーク等を通じて、町並みを散策する観光客や地域住民、来館者との交流を深めている。また、学校でのワークショップは児童生徒に大変好評を博している。

また、美濃和紙に対する理解を深めてもらうために、紙漉き体験施設を備えた市の施設である「美濃和紙の里会館」で紙漉き研修も行っている。この紙漉き研修は、和紙に対する理解をより深めてもらうため、ただ単に紙を漉くだけでなく、和紙ができるまでの製造工程を含めた研修としている。

和紙の醸し出す独特の魅力とアーティストの豊かな感性によって生み出された作品は、12月から翌年1月までの1か月間、「美濃和紙の里会館」において展示され、多くの来館者に感動を与えている。
　なお、現在までの招聘アーティストは、30か国、85人に及んだ。

図8　展示作品（グレゴリー・ダン「Man & Wife」）

第3部-2
「和紙」と「ファイバーアート」
ジョー・アール

　欧米の紙の愛好家の中で、和紙という言葉を本当の意味で理解している人は、意外なことにほとんどいない。たとえ彼らがその言葉を好きなように使っていても、である。例を挙げると、私は最近、あるアメリカの商業サイトからメールを受信したのだが、そのサイトでは和紙とは「手仕事で作られる、建築関係で使用される羊皮紙」[1]と断定的な調子で定義されていた。しかし日本の紙は建築関係以外にも多くの使い道があるし、「羊皮紙」とは羊や山羊の皮からつくった紙のことであって、植物を原料とするものではない。また、英語圏の文章家たちは和紙という言葉がいつ頃登場したのかということはおかまいなしに、日本の歴史全てを通じて、紙製品を指す言葉として使っている。イギリスのタイポグラファー、ハンス・シューモラは、1984年出版の自著に『グラッドストン氏の和紙』（これについては後述）というタイトルをつけている。この本は1871年にイギリス政府が出した報告書「日本における紙の製造」について書いたものだが、この報告書が出たのは和紙という言葉が最初に印刷物に登場する四半世紀ほど前のことである。

　日本の読者はもちろんお気づきのように、和紙という言葉は「和（日本）」と「紙」という2つの漢字から成り立っているが、これは文字通り「日本の紙」を意味するにすぎない。おそらく明治時代末にかけて、国産の紙と、輸入ものの工業製品の紙を明確に区別するために作られた言葉であろう。最も早くこの言葉が登場したのは、おそらくジャーナリストの横山源之助が当時の社会と産業の状況を調査し、1899年に発表

した『日本の下層社会』の中と思われる[2]。しかしながら、タイトルに「和紙」という言葉が使われている出版物を図書検索してみると、この言葉が頻繁に登場するのはおおよそ大正時代の終わりになってからであることがわかる。そして、和紙ブームがピークを迎えたのは、これは意外な話ではないが、1970年代末から1980年代初めという戦後日本の経済発展が頂点に達した頃であり、その後はこのブームにはやや陰りが見える。

　西洋式の紙の大規模な工業生産は、早くも1873年に新橋で始まっていたものの[3]、国産の紙は外国製品との競争にも十分張りあうことができ、また、漆工や金工といった他の伝統手工芸と比べれば、武士という顧客を失ったことや貿易の世界的拡大にも耐えることができた。しかしながら、明治時代末に従来からの産業が衰退すると、楮やその他の和紙の原料となる木を育てていた農地のかなりの部分が、より利益のあがる穀物に生産を切り替えてしまい、伝統的な紙漉はごく小規模なものになってしまう。この頃から和紙という言葉が、教養ある人々の間で日常的に使われ始めたようである。それはちょうどその言葉が指す工芸品が、消滅の危機に瀕しているとみなされている時期であった。結果として、和紙とは、単に「日本製の紙」という以上に、称賛され、保護されるべき独自の伝統手工芸品を指す言葉として急速に広まり、今日でもその意味で使われている。

　主な和紙の擁護者の中には、もちろん文芸史研究者の寿岳文章がいる。彼の研究対象は1930年代以降、幻想的な詩人ウィリアム・ブレイクから日本に関するものに移っていき、1941年には草分け的研究である『和紙風土記』が刊行された。そしてこのすぐ後に、寿岳の友人で民芸運動の創始者、柳宗悦が続く。1943年に発表された柳の『和紙の美』には一連の和紙見本が付けられている[4]。日本の紙を無名の職人たちの技の理想を体現するものとして称賛するとともに（「紙には私がない」）、和紙独自の日本らしさを強調し（「どこの国を振り返つて見たとて、こんな味ひの紙には会へない。和紙は日本をいや美しくしてゐるのである」）、日本の紙造りが顧みられていないことを嘆いた（「日本に居て和紙を忘れてはすまない」）。さらには、紙造りの衰退は道徳の衰退の象徴であるとさえほのめかしたのである（「なぜ今のやうな不幸な事情が醸された

のであらうか。和紙が衰へたからである」)。伝統と神道の双方に訴えながら(「伝統に立つより安泰な基礎はない。この伝統を活かせば、紙に於て日本は無敵な筈である」、「神に助けられつゝ、人の作る紙のみ、紙とこそ正しく呼ぶべきである」)、柳は行動を起こすことを求めて文を終えている(「どうあつても和紙の日本を活かしたい」)。この柳の1943年の文章が、今日にいたるまで和紙に関する文章や論考の論調を定めている。

　アメリカとイギリス両方に長年住んできた者として柳の言葉を読むと、私は彼の日本の紙に対する姿勢と、17世紀から19世紀にかけて日本を訪れた欧米人の姿勢との違いに驚かずにはいられない。ドイツ人科学者で旅行家でもあるエンゲルベルト・ケンペルは、1690〜92年にかけて来日し、その著書『日本誌』の付録として「日本人の紙造り」と題した長文を書いた。この本は最初に英訳が1727年に出版されている。しかしながら彼の関心は純粋に実用面に向いており、美的側面や、ましてや精神的、イデオロギー的側面にではなかった[5]。日本の紙について書いた最初のアメリカ人はおそらく、1852〜54年にペリー艦隊の遠征に同行したジェームス・モローだろう[6]。彼は日本の紙を「精巧な(fine)」、「見事な(handsome)」などの言葉で表現しているが、完成品よりもその製造過程に、より興味を持っていたようだ。もう一人のアメリカ人、ウィリアム・エリオット・グリフィス(1871〜74年まで日本に居住)が紙について触れているのは医療目的で使う場合だけである。いわく「粘着性、吸水性がすばらしく、柔らかく、強く、すぐに湿らせることができ、固くすることも成形することも簡単にできて治癒力がある。日本の紙は優れた絆創膏、包帯、止血帯、紐、タオルとして使える」[7]。また、先述のとおり、イギリスの日本の紙に対する関心は、ウィリアム・エワート・グラッドストン首相に代表されるようにビクトリア朝の支配階級の間で頂点に達したものの、彼の興味は「日本は植物繊維からの(紙の)生産に関する知識のすばらしい宝庫」という点にあって、手工芸としての紙の美しさにはなかった。

　柳による和紙の解釈とその思想が徐々に日本国外、とくにアメリカで知られるようになったのは1950〜70年代に入ってからである。和紙への認識の高まりは、日本の工芸の伝統に対する評価の一端をなすものではあったが、1951年に、日系アメリカ人のアーティスト、イサム・ノグチ

のランプ・シェード「Akari」シリーズが発表されると、和紙ブームは更に高まった。この「Akari」シリーズの売り文句はいつも、美しい日本製の（岐阜産である）紙が織りなす独特の美しさと質が重要な役割を果たしていることを強調している。また、人間国宝は日本国内のみの制度ではあるが、「重要無形文化財の保持者」という称号が1968年に雁皮紙の専門家、安部榮四郎に授与されたことも、和紙が国内で得た非常に高い地位を、海外の人々に気付かせるのに重要な役割を果たしたに違いない。その10年後、スーキー・ヒューズの『Washi : The World of Japanese Paper（和紙：日本の紙の世界）』が出版されると、英語圏の読者は柳に感化をうけた和紙に関する叙述を読むこととなった。この本では、「平凡性、自然であること、不規則性、素朴さ、温かみという特質」といった柳の和紙への称賛が繰り返されている。欧米人、特にアメリカ人には都合のいいことに、1970年代の読者たちにとって、ヒューズが和紙の美を「詳細に明示されるものではなく、示唆されるもの……鑑賞を芸術に高める美」と強調したのは、浄土仏教と柳の民芸の哲学の根本原理である他力を信ずる考え方よりも、（アメリカでは）当時流行した禅の考え方に近いものであった[8]。

　2007～11年にかけ、私はNPO法人国際テキスタイルネットワークジャパンのわたなべひろこ教授とともに、多摩美術大学美術館とニューヨークのジャパン・ソサエティで開催された公募展の準備をする機会に恵まれた[9]。これはニューヨーク現代美術館で1998～99年に開催された「Structure and Surface（構造と表層）」展にアイデアを得てはじまったもので、織物制作よりもファイバー・アートに焦点をあて、自らを広い意味でファイバー・アーティストと考える人々の最良の作品を日本全国から集めることを目的としていた。参加作家たちは、ステンレス製糸から印刷されたミラー・シート、ポリフェニレンスルフィド、化学パルプ、ミシン縫いのポリエステル糸、絞り染めのシルク、サイザル麻、羊毛フェルト、樹皮など、ありとあらゆる材料や技法を使った。2010年11月にはベテランの批評家やキュレーターたちによる審査が行われたが、特に印象的だったのは、およそ三分の一という多くの作家たちが、作品に何らかの形で紙を使用していたことである。伊部京子は2点出品したが、1点は「Requiem（レクイエム）」と題された藍染の楮の繊維の大き

なシートから造られたもの、もう1点は雁皮とリサイクル紙から造られた屏風である。また岩田清美は「Chrysalis(さなぎ)」という和紙と、繭から糸をとる時の最初の数メートル分を使ったきびそ絹糸を組合せた作品を出した。小林尚美の「間2000」は、絡み合った紙の糸と和紙からなる直径2メートルの輪であり、小山欣也の作品は、楮パルプを本物の繭と他の植物と組み合わせめずらしいものである。中野恵美子の野心的な作品、「連なる」は版木をつかって印刷された和紙と、水に濡らしてから乾かす際に圧力をかけた結果、高密度となった絹を組み合わせて、幾重にも重なりあう記憶を感じさせるものである。田中孝明の「巣の花」は和紙で造られたものではないが、亜麻糸を張った金属枠に、半液状の楮パルプを吹き付け、不可思議な、ほとんど不揃いともいえる効果を生みだしている。最後に、吉岡敦子の「弦楽四重奏のコンストラクション」は楮パルプを絹、綿、ステンレス、アルミなど様々な素材と組み合わせ、現代音楽の譜面を摸したインスタレーションである。

　日本の紙に限らず、紙の定義を考えると、よくあるものとしては「単独で取り出した植物*繊維*（*fiber*：イタリックは作者による）の水溶性堆積物を粉砕し、敷き伸ばして圧縮したもの」10) ということになろう。この点を考えれば、ファイバー・アートの展覧会で、多くの作品が一部または全部に和紙を使っていたのは、驚くことではない。実際、敷き伸ばして圧縮する（フェルト）というのは、織物の製法としてはおそらく最も原始的な方法であり、展覧会作品のなかには和紙以外にもこの製法を使った作品が見られた。しかし、歴史的観点から考えて、より興味深いのは、和紙がこの文の前半で述べた過程を経て、文化的および美的に最も高い地位を得たのは、ちょうど1950〜60年代にかけてアメリカとヨーロッパで形づくられた、外国生まれのファイバー・アートが日本で熱心に受け入れられ始めた時である、という点である。熟練したタペストリーの織手であり、日本におけるファイバー・アートの先駆者となった高木敏子がこの新しい現代美術の動向を知ったのは、1960年代に彼女が京都市立芸術大学で非常勤講師をしているときであった。高木の作品は、亜麻を使って実験をしていくうちに、より抽象的で前衛的になっていく。亜麻は、彼女が折り紙から発想を得た立体の作品により適した素材であった。1971年に京都国立近代美術館で開かれた「染織の新世代展」

は、若手作家たちの実験を紹介するものであったが、日本で最初にファイバー・アートの動きが正式に認識された展覧会でもあった。1973年には日本の染織作家が、初めて権威あるローザンヌ国際タペストリービエンナーレに参加し、この分野における日本の指導的役割が始まることになる。

　戦時中の騒音がすべて消えた後は、柳のいうところの「和紙」は、日本の伝統工芸における健全さと「日本らしさ」を表す、いわば代表選手のようになった。一方でファイバー・アートは和紙よりも新しい言葉であり、非凡な女性たちによって生み出された、ラディカルなタイプの機能性のないアートを指す。その女性たちとは、ヨーロッパから難民としてアメリカに渡ったアニ・アルバースや、アメリカ人の独創的作家レノー・トウニー、シーラ・ヒックス、そして東欧の反逆者マグダレーナ・アバカノヴィッチなどである。物質面、精神面双方が絡み合い、互いの強みを引き出し、結果として独自のハイブリッドなアートの形を生みだしたのである。

1) http://precious-piece.com, accessed January 14, 2013.
2) 『日本国語大辞典』第2版第13刷、小学館、2002年、1288頁、「和紙」の項。
3) 久米康生『和紙の文化史』木耳社、1976年、194頁。
4) 柳宗悦『和紙の美』「工藝」編輯室、1943年、http://www.aozora.gr.jp/cards/001520/files/52191_46261.html, accessed January 12, 2013.
5) Hans Schmoller, *Mr. Gladstone's Washi* (Newtown, PA: Bird and Bull Press, 1984), pp. 6–9.
6) Allan B. Cole, ed., *A Scientist with Perry in Japan: The Journal of Dr. James Morrow* (Chapel Hill: The University of North Carolina Press, 1947), pp. 171–172.
7) William Elliot Griffiths, *The Mikado's Empire* (New York: Harper and Brothers, 1887), p. 221.
8) Sukey Hughes, *Washi: The World of Japanese Paper* (Tokyo, New York and San Francisco: Kodansha International, 1978), p. 152.
9) Joe Earle, ed., *Fiber Futures: Japan's Textile Pioneers* (New York: Japan Society, 2011)
10) Hughes, p. 37.

第3部 - 2
紙とデザイン教育
中野 仁人

はじめに

　京都工芸繊維大学の構内には紙工房がある。B1サイズの和紙が漉ける大型の漉き船が1台とB4サイズの和紙が漉ける小型の漉き船が8台。もちろん、ビーターと乾燥機も完備し、素材生成から立体成形までが可能な設備である。2012年の段階では、デザインを学ぶ2回生の実習課題で非常勤講師として伊部京子氏を招き、紙漉きとペーパーワークの制作を指導している。

　全国でも大学内に紙を漉ける工房を持っている大学は珍しい。京都精華大学と女子美術大学ではカリキュラムに取り入れて実習をおこなっているが、その他の芸術系の大学で紙漉きの実習を情報公開している例を見かけない。京都精華大学の場合は、芸術学部メディア造形学科版画コース、女子美術大学は美術学科立体アート専攻において紙工房を活用している。しかしいずれも紙を芸術としての作品づくりの一素材として捉え、学生たちはいわゆるアート作品を作成している。

　京都工芸繊維大学の造形工学課程の意匠コースの場合は、プロダクトデザイン、インテリアデザイン、グラフィックデザインを学ぶ学生たちが対象であり、デザイン素材として紙を捉え体験させる授業で紙漉きをおこなっているのである。カリキュラム上では、紙以外に金属、木材などデザイン素材を体験するデザインプラクティスの科目と並行して、計画的にデザインを組み立てていくデザインプロジェクトの課題を設定しており、学生たちは自身のデザインプロセスにおいて、素材の特性を身につけた上でそれらを活用したデザインの解決法を検討していく。

紙が媒体としての機能を失いつつあると叫ばれて久しいが、教育の現場においては、学生たちの紙への興味がますます深まりを見せていることを感じる。電子媒体にはない紙の魅力に引き込まれている学生も多い状態にある。
　ここでは、デザイン教育の現場での学生たちの紙素材の受容と展開について、京都工芸繊維大学の例をもとに概観してみることとする。

1　1980年代

　1980年代に、京都工芸繊維大学の意匠工芸学科のグラフィックデザインを担当していた黒崎彰は、すでに世界各国の版画コンクールで数々の賞を獲得してはいたが、大学の担当授業では木版画を教授するのではなく、エディトリアルやCIといったグラフィックデザインを指導していた。黒崎自身も京都工芸繊維大学の出身であるが、黒崎が学生時代を過ごした1960年代は、日本全国の大学でヨーロッパあるいはアメリカのモダンデザインを享受していた時代で、京都工芸繊維大学もその例にもれず、合理的で生産性に応じ、機能に準じるデザインの教育をおこなっていた。黒崎はそういった日本のデザインの体制に疑問を持ち、木版画の道に入ったのであるが、大学に着任してからは学生たちにデザインを指導しつつ、自身の制作の姿勢でモダンデザインに寄り過ぎない造形のひろがりを示していった。
　そして木版画から派生して、1981年頃から黒崎はペーパーワークに取り組み始める。染料、顔料、柿渋などで色染めしたパルプを絵具のようにして多層的に漉き重ね、具象イメージを持たない抽象的な紙素だけの作品を制作していった。その制作段階の姿は大学内の工房で学生たちの目に入るものとなった。それに感化され、卒業制作でペーパーワークに取り組む学生たちも現れる。
　筆者もまたその一人であり、1986年に取り組んだ卒業制作は、新聞紙を叩解し、紙素として染め上げたうえで、石膏型によるモールディングで作成したペーパーワークのオブジェであった。審査会の際には、それがデザインなのかアートなのかという議論はさしたる問題にはならず、紙素材における実験性が評価の対象となった。つまり、京都工芸繊維大学の卒業制作の審査は、合目的的なデザインのみを目標にするのではなく、今後のデザインに向けての萌芽的研究も容認していたのである。

黒崎は、その後、1987年に京都精華大学に版画コースが設立されるのを機に、その主任として、京都工芸繊維大学から転出する。その際の条件として黒崎は、精華大学のキャンパス内に紙漉き工房を作成することをあげている。そして芸術系の大学としては初めて、京都精華大学に紙漉き工房が開設された。

2　1990年代

　1990年代になってデザインプロセスに大きな変革が起こった。1991年にPower PCが開発され、以後、アップルのマッキントッシュが学生たちの手にも届くような存在になり、デザインは自分のパソコンでおこなうという体制が整った。モニター上でデザインの進行状況を確認出来るため、ラフスケッチさえも紙上でおこなわない学生があらわれ、紙はせいぜい最終のアウトプットの段階で登場するものとなった。さらに1994年にノート型のPower Bookが発売され、デザインは机に向かってだけ進めるものではなくなった。

　そして、1992年から京都工芸繊維大学では、和紙造形作家、伊部京子による紙の演習授業が始まった。伊部は1970年代後半から紙の作品にとりかかり、国内外で多くの賞に輝いて、すでにペーパーワークの先駆者として活躍していた。

　伊部もまた京都工芸繊維大学の出身である。そして、伊部の場合、単に紙をアート作品として提示するだけではなく、プロダクトとして提案する会社を立ち上げ、数々の紙の製品化を手掛けている。つまり、デザインとしての紙の可能性を追求し、学生たちにもその姿勢を教授したのである。

　そんな中、1997年に、京都工芸繊維大学のデザインを学ぶ4回生から博士後期課程の学生たちが東京銀座の王子ペーパーギャラリー（現・王子ペーパーライブラリー）で、紙を用いた作品の展覧会「ほんのきもち」を開催した〔図1〕。すでにコンピュータで進めるデザインプロセスが主流となっ

図1　「ほんのきもち」王子ペーパーギャラリー出展作品（1997）

ていた時期に、あえて一切コンピュータに頼らずに、自分の手で紙に対峙して形を作り上げようとするものであった。学生それぞれが贈り物を想定し、そのささやかな贈る気持ちを紙で表現するというコンセプトのもと、王子製紙のファインペーパーの提供により幅広い作品展開をおこなった。ここでは紙を印刷の支持体としてではなく、切る、折る、曲げる、たたむ、包むなどの特質をあらためて認識する機会となった。

そして2000年には、株式会社竹尾が創業100年を機に、紙と人間の関わりはこれからどうなっていくのか、デジタルテクノロジーとともに紙はどう変わっていくのかをテーマに、竹尾ペーパーショウを開始する。活躍するデザイナーたちによる紙をめぐる考察と提案は、観覧者である学生たちを大いに刺激し、フリーでテイクアウト出来る膨大な紙見本に惹き付けられた。

デザインプロセスにおけるコンピュータの浸透に伴い、デザイン学生にとって紙は筆記するための媒体という役割を縮小させる一方、モノとしての存在感を増していくこととなった。

3　2000年代

2005年に京都工芸繊維大学の大学内に紙工房を整備し、その翌年にはミラノサローネのサテリテに出品することとなった。ミラノサローネは、毎年4月にイタリアミラノ市で開催される世界最大の家具博覧会で、世界中の家具、インテリア、車、アクセサリーなどの広い分野のデザイナーや企業が出展参加し、6日間の期間中に世界各国から約20万人が参加するイベントである。その中の一展示ホールであるサテリテは若手デザイナーとデザイン系大学の学生の展示スペースであり、ここに出展できるのは、選考委員会から推薦された大学のみである。京都工芸繊維大学はプロダクトデザイナー喜多俊之の推薦により、出品することとなった〔図2〕。

図2　「瞬」
ミラノサローネ出展作品（2006）

ミラノサローネは家具等のプロダクトの博覧会が出発点であったこともあり、世界

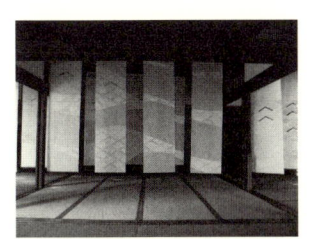

図3 「光あやなす波」
法然院での展示（2007）

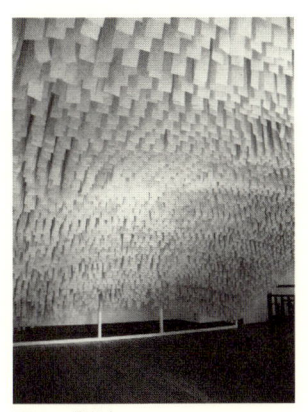

図4 「間」
京町家ギャラリーでの展示（2009）

の各大学のほとんどは、新たに提案する製品のプロトタイプを展示している。日本からは、2002年には東京造形大学が竹素材による椅子、テーブル、照明器具を出展、2003年は大阪芸術大学が美濃和紙を主材とした照明器具を展示していた。しかし京都工芸繊維大学は、「和紙による空間のしつらえ」をテーマとし、具体的な機能を持つプロダクトの提示ではなく、和紙の質感を全面に押し出し、割り当てられたブースの空間全体を使ったインスタレーションをおこなった。

約20名の学生が参加し、連日、紙工房で楮紙を漉きあげた5000枚のパーツを張り合わせた巨大なスクリーン状の作品で、障子や格子を思わせる日本的幾何学パターンで構成されている。光によって透ける和紙の透明感が幻想的な空間を作り上げ、他のブースには見られない表現が話題となった。

翌年の2007年には京都の鹿ヶ谷に位置する法然院の方丈を舞台に、同じく学生たちが漉いた和紙を用いて、日本の伝統的建築空間における内部空間と外部空間の微妙な領域的融合をめざすインスタレーションを催した〔図3〕。空気・風・光などの自然を造形に取り入れ、その媒介として和紙を使ったこの試みは、さらに2009年の展示へと続く。京町家のギャラリーの一室全体を使い、天井から和紙の短冊5500枚を吊り下げたインスタレーションで、街中に流れる時間の変化と光の移ろいを、やはり和紙を媒介にして体感出来る空間を作り上げた〔図4〕。

こうした紙素材への接近が紙への強い関心を招き、その影響はこれらのプロジェクトに参加していない学生たちへも波及していった。卒業制作で、例えば折形によるプロダクトの開発や紙の素材感に特化したパッケージの提案、あるいはインテリアプロダクトとしての紙の利用というテーマがさかんに選ばれるようになった。

また一方、学生たちの中では、印刷の支持体としての紙への関心もますます高まってきた。それは、インクジェットプリンターの進化とそれに対応する紙の改良により、自分で紙を選択し、試し刷りを繰り返しながら、試作ではない最終成果物として成立し得る印刷物が自分の手で出力出来るようになったことによる。それにより、学生たちと紙との距離はより近づき、質感を追求しながらデザインを進めることが不可欠な段階に入ったのである。

おわりに

　1970年代までの日本のデザイン系大学のデザイン指導の方向は、欧米的なモダンデザインを手本とすることが主軸であり、より合理的で合目的的なもののデザインを志向していた。学生たちの関心も、世界のデザイン市場に比肩するものづくりを目指していた。しかしその後の産業の飽和状態により、やがてモノの中に潜む精神性やプロダクトに込められたストーリーを要求するようになっていった。その中で、紙は単にモノを成立させる材料ではなく、そのモノ自体の存在感を全面に押し出す紙になっていった。そして学生たちはより敏感にその存在に注目するようになった。

　現在、京都工芸繊維大学の筆者の研究室では、京都のいくつかの伝統工芸の工房において新しいデザインの展開を試みるプロジェクトを進めている。その中で唐紙の工房に協力を仰ぎ作り出した作品は、具引きした和紙の上に雲母で文様を摺ったもので、僅かな光でさまざまな変化を見せる。

　学生たちは今、紙の持つ微かな表情の違いに目を向けている。

第3部-2

インクジェットプリンターを使った作品制作のためのカラーマネジメント

辰巳 明久

はじめに

筆者は、インクジェットプリンターでの発色特性に関する研究を継続している。この研究は作品制作を目的としたものであり、オフセット印刷の色校正は目的としていない。

この研究の一環として、2002年から2006年にかけて独立行政法人情報通信研究機構（NICT）[1]の助成を受け、「大容量グローバルネットワーク利用超高精細コンテンツ分散流通技術の研究開発」というテーマの研究を産学官で行った。

長々しい研究名であるが、換言すれば「インターネットを介して配信される画像データが、配信後にも問題なく出力（あるいは表示）されることに関する研究」といったところである。この研究は、データベースから作品の画像データが配信されるという設定のもと進められた。

2006年で終了した研究ではあるが、カラーマネジメントに関する部分は、NICTへの報告書以外では未発表であり、かつ、2013年現在でも有効と思われる。よって、当時の研究内容をベースに、それ以降の研究結果を加え、その要点を記すこととした。

1　研究の概要

オフセットやグラビア印刷等、従来からの方式の印刷を行う印刷会社では、各種印刷におけるカラーマッチングに関して、長年にわたる技術の蓄積がある。また、そのワークフローはデザイナーにも共有されている。同様に、校正機として使用されるようになった各種プリンターのカ

ラーマッチングに関してもJAPAN COLOR認証制度[2]などにより、技術の蓄積が進んでいる。

　一方、印刷会社以外の各機関、あるいは個人でも、画像データが保存される状況となり、その画像データが各種プリンターで出力されることが当たり前の時代となった。

　このような状況下、各入出力機器で、プロレベルのカラーマッチングが容易になれば、コンテンツの流通が増加し、様々な用途への利用が促進されるとの予測のもと、「大容量グローバルネットワーク利用超高精細コンテンツ分散流通技術の研究開発」の研究は行われた（その需要予測が妥当であったかどうかについては、主旨を別にするのでここでは触れない）。筆者はデザインの現場や大学での作品制作にこの研究は有効と判断し、研究に加わることにした。

　この研究における筆者の研究分担は、「超高精細コンテンツデジタル化技術における色補正処理（カラーマネジメント）」であり、その具体的な研究項目は、下記の3点である。

1：作品画像のデジタルデータ化からデータベースへの蓄積時までのカラーマネジメント手法について
2：蓄積されたデータの出力時における、紙や布など素材の相違に対応するカラーマネジメント手法について
3：分散環境下（配信後）においても使用可能なカラーマネジメントシステムについて

また、次の8項目が研究の実際である。
①高精細デジタルカメラによる撮影データとフィルムからのスキャニングデータの発色特性の検証
②保存〜配信時における発色の劣化要因の抽出
③美術作品の画像データ保存におけるメタデータとすべき項目の検証
④顔料プリンターと捺染プリンター固有の発色特性の実験
⑤PSソフトリップによるカラーマネジメント特性の検証
⑥キャリブレーションシステムにより生成される修正用カラープロファイル特性の検証
⑦紙、その他出力メディアによる発色特性の評価
⑧発色の主観的評価

以上の8項目の中から、本誌に関連の強いと思われる研究内容を抜粋、

要約して以下に記す。

2 撮影時に生成されるデータの発色特性

デジタルカメラフェーズワン（Phase One A/S）[3]で、対象を日本画とする撮影実験を行った。645サイズの高精細デジタルカメラにシュナイダー製レンズを装着し、グレートーンチャートをパラメーターとして使用する撮影である。

2005年当時のフェーズワンの特徴として、コントラストがやや軟調傾向を持つ特性があった。軟調傾向が見られる原因は周辺光をゼロにできないというレンズ設計の問題と思われたが、レンズの精度を上げるという解決策よりは、撮影データの特性を見極めた自動補正機能の開発という方策を選択する方が、解決は早いと思われた。当時の出力用データのカラーマッチング処理として、PC上でコントラストを平均20％上げることにより、ほぼ解決が可能であったが、現在のフェーズワンではカメラ本体の画像処理技術の向上により、この問題は解決されている。

一方、CREO社製フラットヘッドフィルムスキャナ（iQsmart1）でポジフィルムを入力する実験を行った。

フィルム中心部のスキャンデータを合成するiQsmart1のデータ生成能力は極めて高く、高品位のデータが得られた。

この実験により、スキャンしたデジタルデータに問題が生じるケースの多くは、ポジフィルムの保存状態によることが改めて浮き彫りとなった。このフィルムの保存状態の問題は、従来から言われていることであるが、デジタルカメラの普及により、フィルム保存のノウハウの喪失や、フィルムの経年劣化が進む可能性があり、早期にフィルムからデジタルデータ化しておく必要がある。特に、撮影された時期に意義があり、かつ、撮影の機会も限られる文化財の写真は、デジタルデータ化を急ぐ必要があると思われる。

3 保存〜配信時におけるカラーデータの劣化要因

保存〜配信に至るプロセスにおける発色の劣化要因を調べるため、京都の寺社を中心に、保存されているデータの劣化要因に関する調査を行った。

その結果、劣化要因は、データ保存に対する認識不足、もしくは保存

時のミスという人為的要因がすべてであった。

　画像データは、色域が最も広いRAWデータもしくはTiff形式での保存が必須である。しかし、調査した各所において、jpegなど低品位形式のデータが混在し、保存されているケースが見られた。

　また、元々は高品位の形式で保存されていたとしても、印刷等への使用時に、低品位の形式に変換されて使われたデータが、保存データに混入したのではないかと思われるケースもあった。一度、低品位に変換されたデータは高品位の形式に変換し直しても、元の色域は失われたままとなり、回復できないので大きな問題と思われる。

　このような状況は、画像データ形式に対する認識不足が原因であり、関連省庁や学会などが中心となり、画像データ保存に関する標準化が必要であることを示している。

4　プリント時のメディア別発色特性

　セイコーエプソン社[4]製PX9500／PX9000とミマキエンジニアリング社[5]製TX1600を使用した発色実験を行った。PX9500とPX9000は水性顔料インクプリンターであり、TX1600は捺染用水性染料インクプリンターである。

　①光沢紙

　光沢系用紙は概して硬調になる傾向を持つが、ピクトリコ・ハイグロス（2006年当時の製品名：現（株）ピクトリコ[6・7]：ピクトリコプロ・フォトペーパー）の発色には、その傾向が見られず、光沢系用紙で最高品質の発色結果を得た。これはピクトリコ独自のコート材、アルミナ・シリカの効果が大きいと思われる。

　②マット紙

　マット系用紙は概して軟調、低コントラストになる傾向を持つが、プリンターメーカー各社純正の同品位の用紙では、発色に大きな差異はなかった。近年、ミュゼオピクトリコ[8]やPCM竹尾[9]の各種インクジェット専用紙のようにマット系で優れた発色特性を持つものが開発されている。

　③和紙

　滲みという、一見再現に対するマイナス要因を持つ和紙であるが、その風合いを活かせるコンテンツのプリントには、大きな可能性を見い

だせた。2006年当時の実験では、PC上でコントラストを平均で20％上げ、同じく彩度も平均で20％上げ、コンテンツによって時折見られる黄変に対しては色相の調整を適宜行った。当時の実験はイシカワ軸装用和紙[10]を使用したが、和紙の持つ風合いが活きた結果となった。2012年時点では、ミュゼオピクトリコWASHI[11]、アワガミインクジェットペーパー[12]、ピクトラン局紙[13]など、和紙の風合いを活かし、かつ、表面塗布剤で滲みを押さえた製品が開発されている。

④特殊紙
ターポリン[14]や各種フィルム[15]は、発色のための表面処理に限界があり、また、それぞれのテクスチュアの個性が強く、色再現性が優れるものではない。これらのメディアは、インテリアやエクステリアなどの空間デザイン、あるいはパッケージデザインのカンプなどの限定された用途に向けて開発されたものであり、カラーマッチングに関しては通常の用紙とは別系統で標準化されるべきかと思われる。

⑤布
布をインクジェットプリンターで出力する場合、ふたつの用途に類別される。ひとつは従来の染色技法を捺染プリンターに置きかえ、テキスタイル本来の用途を目的とする場合。もうひとつは、捺染プリンター以外の染料や顔料プリンターを使い、布の持つ特性を活かした作品制作を目的とする場合である。後者の場合、耐水性は確保されない。

インクジェットプリンター用の表面処理をされた各種布[16]、もしくは一般的な布共に、発色の特性として、彩度、コントラストとも低い傾向が見られる。また、色相も大きくずれる場合が多い。TX1600による綿布、シルクへの出力、PX9000もしくはPX9500による各種布への出力においても同じ傾向が生じ、布での正確な色再現のためには、彩度やコントラストあるいは色相の調整作業が必須であった。その調整は、コンテンツが持つ色の特性ごとに行わざるを得ず、標準値を見いだすことはかなり難しい。2012年時点で、最新鋭のエプソン社製の捺染プリンターでも同様であった。

まとめ
デジタルカメラやスキャナ、そしてインクジェットプリンターなど各種デバイスの技術革新は目覚ましく、発色に関しても精度は増すばかり

である。しかし、インクジェットプリンターを使った作品制作におけるカラーマッチングに関し、データの作成から保存、そして出力までを統合的に捉えた研究は、筆者の研究も含め、緒についたばかりである。これからも継続的な研究、そして、カラーマッチングに関する手法の標準化が必要と思われる。

1) 独立行政法人情報通信研究機構　http://www.nict.go.jp
2) JAPAN COLOR認証制度　http://japancolor.jp/index.html
3) PHASEONE　http://www.phaseone.com
4) セイコーエプソン株式会社　http://www.epson.jp
5) 株式会社ミマキエンジニアリング　http://www.mimaki.co.jp
6) 株式会社ピクトリコ　http://www.pictorico.jp
7) 株式会社ピクトラン　http://pictran.com/main/?page_id=34
8) （株）ピクトリコ　ミュゼオピクトリコ　http://www.pictorico.co.jp/system/contents/1044/
9) （株）PCM竹尾　インクジェット専用紙　http://www.pcmtakeo.com/SHOP/16113/list.html
10) （株）和紙のイシカワインクジェット用和紙軸装用　http://www.shikoku.ne.jp/washi/product_file/r_jikusou.html
11) （株）ピクトリコミュゼオピクトリコWASHI　http://www.pictorico.co.jp/system/contents/1076/
12) アワガミインクジェットペーパー　http://www.awagami.jp/products/aijp/index.html
13) ピクトラン局紙　http://pictran.com/main/?page_id=12
14) （株）トーヨーコーポレーションフロントリットターポリン　http://www.toyoc.co.jp/product/sign/media/media2.html
15) （株）Too インクジェットマテリアル　http://www.too.com/ijm/series/
16) （株）ネクスタント　生地種類一覧　http://www.nextant.jp/textile/index.html

第3部-2

紙はリアルな物質である。

竹尾 稠

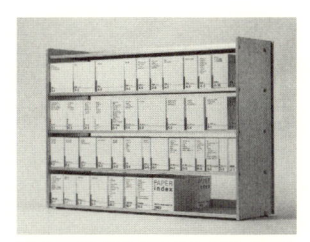

図1　現在のミニサンプルセット

図2　青山見本帖　店内

図3　見本帖本店1F　店内

1　株式会社竹尾の取り組み

　株式会社竹尾は明治32年（1899）に創業した紙の専門商社である。創業初期から輸入品を多く取り扱っていた。また出版用途を中心に本文用紙、印刷用紙の品揃えに加え、戦後には「ファインペーパー」という高級印刷、装丁、パッケージなどの用途向けに、色や質感を重視した特殊紙に注力し、製紙会社とともにデザインの表現や効果をより高める素材として開発、提供をしてきた。ファインペーパーはデザインとともに歩んでいるといっても過言ではなく、昭和36年（1961）にはグラフィックデザイナーの原弘氏と取り組んだ「アングルカラー」を開発して以来、発表し続けた色紙シリーズは「製紙に於けるシリーズデザイン」として第7回毎日産業デザイン賞を受賞した。この色紙シリーズは、紙がグラフィックデザインの基礎的要素の認識を得て、シリーズの中のどれを選んで組み合わせても、良い配色となるよう細やかな配慮がなされ、大きな影響を与えたことが評価された。

そして昭和31年頃から、営業活動で携帯に便利な60×125mmの小さな見本帳が銘柄毎に制作された。その後昭和45年に木製ケースにセットされたミニサンプルキット〔図1〕が誕生し、数度の改訂を経て、現在は竹尾の常備在庫品およそ7,000種を収録するまでとなった。このミニサンプルは多くのデザイン事務所のデスクに置かれ、デザイナーが紙を選ぶシーンを作りあげることで、竹尾の紙を使用する需要拡大へと繋がった。また、紙の需要喚起として昭和40年より展示会「竹尾ペーパーショウ」を開催している。"紙とデザイン、テクノロジー"の観点から様々なクリエイターとともに協働で企画をし、紙の可能性や将来性を市場に提案しており、こちらについては後述する。また実際に竹尾の紙に触れることが出来る拠点として、平成元年（1989）東京の青山に「青山見本帖」〔図2〕（平成24年1月に場所を変えてリニューアルオープン）、平成13年には本社のある東京の神田錦町に「見本帖本店」〔図3〕をオープンし、紙と人との接点やコミュニケーションの場として機能している。

その他、紙とデザインの秀作「デスクダイアリー」は昭和34年（1959）から現在まで続いている。文化活動としては、ヴィジュアルコミュニケーションのあり方を深く洞察するデザイン書籍や評論を表彰する「竹尾賞」や、ヨーロッパを中心にアメリカ、ロシア、日本など、主に20世紀のポスターを広く収集した「竹尾ポスターコレクション」を多摩美術大学と共同研究するなど、活動は紙を基軸に多岐にわたっている。

2　竹尾ペーパーショウとは

ファインペーパーの上手な使い方を国内で啓蒙するために、海外の製紙会社やデザイン団体より現地で展示されていた作品を借り受け、日本で紹介したことが「竹尾ペーパーショウ」の始まりとなった。昭和40年に銀座松屋の第18回デザインギャラリー展として開催された「CREATIVITY ON PAPER」〈紙を生かした印刷デザイン〉が第1回竹尾ペーパーショウとして位置づけられており、昭和45年からは竹尾の旧本社ビル、昭和47年からは東京商工会議所、平成元年からはアートフォーラム六本木、平成10年からは青山スパイラルガーデン＆ホール、平成19年からは丸ビルホールと、場所、規模も拡大をしながら開催をしていった。その間、香港、シンガポールでも定期的に開催する時期もあった。平成23年には東日本大震災の影響で、例年3日ほど開催してい

4月は延期となり、10月に見本帖本店で3週間にわたって開催をした〔図4〕。これまでに重ねた回数は実に46回となっている。

竹尾ペーパーショウは一般的な企業の販促活動と異なる側面があり、単なる新製品や既存商品の紙の拡販だけに狙いを定めていないのが特長である。紙の持つ可能性をその時代にあった訴求方法で実践し、紙に携わる方々の潜在意識を高めることで、紙の裾野を広げていくことに主眼がある。当初は海外で使われている紙の使用例を展示していたが、その後オリジナリティのある企画になっていき、それはグラフィックデザイナーをディレクターとして立て、その時流にあったテーマをよりシャープに引き出す内容へと展開していった。その表出は単なる「紙の使用例」ではなく、紙の持つまだ見ぬポテンシャルを引き出し、来場された方々に紙に対する創造性を高めて頂くことを目指した。紙の側面だけで語るのでなく、デザイン、印刷、加工などその周辺を巻き込んでいくこととなった。

図4　竹尾ペーパーショウ2011「本」(見本帖本店2F)

図5　竹尾ペーパーショウ2009「SUPER HEADS'」(丸ビルホール)

例えば平成元年「竹尾ペーパーワールド」と称したこの年は、1つのテーマに対して様々なクリエイターやデザイナーがそれぞれの解釈で作品を提案するという、現在ではよく見かける展示会のスタイルで開催をした。第一線で活躍する様々なクリエイターやデザイナーは、そのお題に対する明確なビジョンを提示し、紙を介在として究極の世界観を具現する展示会へと定着していった。

また平成21年「SUPER HEADS'」では、従来続けていた展示会というスタイルを一旦やめ、諸分野の最前線で活躍する国内外27名のスピーカーが現状の紙のことを短時間でプレゼンテーションする「言葉のペーパーショウ」を開催し、紙の置かれている漠然とした状況を明確な言語にして表出させる試みを行った〔図5〕。リーディングカンパニーとして自社のことだけではなく、紙業界の発展のために何が出来るのか、を考えるよい機会を創出できたのではないかと感じている。竹尾ペーパー

ショウが紙の市場を活性させてきたという自負があり、また竹尾ペーパーショウを通じて社会へ提示をしてきたこの活動が、竹尾のブランドを形成してきた。46回という長い時間をかけて継続することへの新鮮味、提案性を出し続ける課題を乗り越えて、紙について真剣に取り組むことが竹尾の資産となってきた。竹尾ペーパーショウは時代の流れを背景に形成しているが、ここ数年アナログとの共生とともにデジタルの観点で見逃すことができないキーワードは「電子書籍」である。

3　紙だからできること

ここ数年前から「電子書籍」や「電子メディア」という言葉が世間を席巻し、「紙」への刺客として扱われる構図が見受けられるようになった。同じ情報を載せるメディアとして比較対象となることは、やむを得ないと思う。また実際問題、出版社や印刷会社では電子書籍の事業化を展開する動きもある。時代の流れは少しずつシフトしていくことだろう。しかしながら、竹尾ペーパーショウを通して見えてきたこともある。物質の持つ本質、紙の価値観が何かということだ。それは「紙はリアルな物質である」という当たり前の気づきである。紙の歴史を振り返ると、製紙法が確立してから1枚の紙を漉くことが始まり、布教等の情報の頒布を目的に紙は大量生産へと進んでいった。そこでは紙の本質である「風合い」や「色合い」など指先で感じる感性的側面よりも、いかにきれいに、早く印刷できるかという機能的側面がより追求されるようになったのではないかと感じる。竹尾のファインペーパーは、冒頭でも記したが装丁やパッケージなど人の手に触れることで訴求することが出来るという、紙の本質を基本とした考えから展開をしてきた。仮想と現実の中で情報が錯綜している今日において、リアルな物質としての紙は人の感性を喜ばすことが出来るポテンシャルを秘めている。紙は印刷をして情報を載せるメディアであるとともに、人間の身体に最も親和性のある素材であり、そのことに今一度着目できるまたとないチャンスが目の前にある。

紙は人間の感性を託すことの出来る素材である。実世界において確かな物質であり、媒体である紙の本質をこれからも追究していきたいと思う。

第3部-3
「和紙」と「雁皮の靱皮繊維」の化学

錦織 禎徳

はじめに

　古代中国大陸で発明された製紙術がわが国に伝えられたのは5〜6世紀の頃と推測される。当時の大陸の製紙法は原料に麻や樹皮を用い、抄紙法も今日で云うところの「溜め漉き」によっていたとみられる。

　伝来後しばらくを経たわが国の製紙事情は、延長5年（927）に撰修された『延喜式』巻13の「図書寮式」に詳しく述べられていることは周知の通りである。

　町田誠之氏[1]は正倉院の紙の第1次調査（昭和35〜37年）の報告書で「図書寮式」にみられる抄紙法は「溜め漉き」であり、その後雁皮繊維が原料として用いられるようになって「わが国独自の流し漉き」が始まったと述べている。これがいわゆる「町田学説」[2]と呼ばれているものである。

　これに対して、近年、久米康生氏[3]は『延喜式』の抄紙法を「溜め漉き」とするとらえ方を否定し、古代から「流し漉き」も存在していたと主張している。また、正倉院の紙の第2次調査（平成17〜21年）を行った湯山賢一氏[4]は、古代の紙漉は「溜め漉き風」の「流し漉き」と考えている。同じく第2次調査に従事した増田勝彦氏[5]も、古代のわが国において「溜め漉き」も「流し漉き」も同時に並列して行われていたと結論している。

　「町田学説」を実証するために、筆者は若干の共同研究をした[6]。その結果、雁皮の靱皮繊維なくして現在のような「捨て水」の工程をもつ「わが国独自の流し漉き」は生まれなかったと理解している。

本論文では、この点を中心に雁皮の靱皮繊維の特色を理化学的な側面から述べてみたい。

1 『延喜式』の製紙工程に対する若干の考察

『延喜式』によると、図書寮紙屋院での製紙作業工程および1人1日の各工程での作業規準量が示されている。作業工程は、原料の「裁断」「煮熟」「除塵」、臼による「打解」「抄紙」の順に5段階である。10世紀のはじめ頃の製紙原料は、布（衣料用麻布の再利用）、麻、苦参に加えて、楮および雁皮がすでに用いられている。布、麻および苦参には、煮熟の工程が省略されている。おそらく発酵精練によって分離され、繊維部分のみが紙屋院に納入されていたとみられる。現代人にとって、植物体から繊維部分を単離する（パルプ化する）手段としては、まず煮熟法が浮かんでくる。しかし、自然に任せる部分の多い発酵法に比較して、煮熟法は金属製の釜およびアルカリ性薬剤が必要であるから、当時としては取りかかりやすい手段ではなかったであろう。発酵によって繊維を分離できる麻や苦参が、まず原料として選ばれた。おそらく楮や雁皮を含めて、多くの植物について発酵精練は試みられたがよい結果は得られなかったと考えられる。

上述の5種類の原料すべてに裁断の工程がある。布、麻および苦参の繊維は長いので、そのままでは抄紙できないから、裁断は当然である。楮および雁皮も煮熟の前工程として裁断をしているのは、煮えムラを防ぐためと推量している。この根拠として、楮および雁皮の裁断ならびに蒸煮の作業規準量（処理重量）が全く同じであること、加えてこの両者の裁断作業規準量は麻類および苦参の約3倍であることがあげられる。すなわち、麻類と楮および雁皮とでは裁断工程の目的が異なっていた。布、麻および苦参は抄紙において繊維の分散性をよくするために、楮および雁皮は現在よりも小型の煮熟釜に仕込みやすくするための裁断作業であったと推量される。

なお、「裁断」は煮熟後の工程であるとの説があるが[3]、雁皮については煮熟後の「裁断」は技術的に無意味であり、後に続く「除塵」工程を困難にするのみであって認めがたい。したがって、従来通り「裁断」は一番目の工程であると考える。

抄紙工程で現在の「ネリ」に相当する植物粘液が使用されたという記

述は見あたらない。

しかし、湯山賢一氏[4]は中国で紙が発明された時点から「ネリ」に相当する植物粘液は使用され、「溜め漉き」および「流し漉き」が必要に応じて用いられていたと述べている。増田勝彦氏[5]は正倉院文書料紙の表裏の繊維の配向状態を光学顕微鏡で観察し、第1次調査で「流し漉き」の初期とされた紙も「溜め漉き」であるとした。そして、古代のわが国において「溜め漉き」も「流し漉き」も同時に並列して行われていたと結論している。

このような意見は、「ネリ」の作用について研究してきた筆者にとって興味深いところであるが、実験室での理化学的検討および原料処理から抄紙までの実際の作業体験をふまえると、多くの疑問点も存在する。基本的な問題は、第2次調査の総括として、杉本一樹氏[7]が指摘しているように、これまで「溜め漉き」「流し漉き」の厳密な定義がされていないことにある。微妙な定義の差を内包しながらの上述のような議論が、近年盛んなようである。そこで、筆者は現行の手漉き和紙抄紙技術の典型である「初水」「調子」「捨て水」の3工程からなる抄紙法が「流し漉き」であり、これを「わが国独自の流し漉き」と称することにしたい。

雁皮の靱皮繊維が紙の原料として用いられるようになって、わが国で作られる紙の品質は飛躍的に向上した。麻、苦参および楮の繊維と比較して、雁皮の繊維は光沢があるので、繊細で平滑な薄紙が容易に作れるようになった。麻、楮など他の繊維と混抄すると紙の地合が均一になる。熟紙の工程が900年代には省略されるようになってきた[8]。一方、雁皮は抄紙の際に簀からの濾水速度を著しく低下させるから、自然発生的に簀桁を強くゆする試みもされたであろう。雁皮の利用が「わが国独自の流し漉き」の萌芽であり、和紙の発展の原動力は雁皮を漉きこなすことに基因している。これが「町田学説」の要訣である。このことについては、さらに実証的検討をしたので、その結果は後述する。

2 化学的にみた雁皮の靱皮繊維の特色

雁皮の繊維は細くて短く、楮のそれは太くて長い。これらの物理的（形態的）特徴はできあがった紙の性能に関係することは勿論であるが、化学的な成分もまた紙質に大きな影響をおよぼす。なかでも、ヘミセル

表1 雁皮・楮紙料の組成(%)

	雁皮	楮
水分	13.9	10.0
灰分	2.8	4.9
アルコール・ベンゼン抽出物	1.3	0.6
冷水抽出物	0.4	1.1
温水抽出物	1.5	2.0
1%水酸化ナトリウム抽出物	12.7	14.4
リグニン	4.2	4.1
ウロン酸	6.7	3.9
全セルロース	70.2	73.0
α-セルロース	75.4	86.9
β-セルロース	—	6.1
γ-セルロース	—	7.0
ペントサン	16.7	7.4
平均重合度	1850	1560

表2 製造工程中の雁皮靭皮繊維の組成変化(%)

	原料繊維	煮熟後	叩解後	製紙
水分	13.9	11.0	11.4	11.5
灰分	1.8	1.9	1.3	1.6
アルコール・ベンゼン抽出物	2.1	1.7	1.6	1.9
冷水抽出物	2.9	2.7	0.8	2.0
温水抽出物	6.0	3.5	1.3	2.4
0.1%水酸化ナトリウム抽出物	15.5	4.5	3.7	5.5
リグニン	3.3	2.8	2.8	2.9
ウロン酸	16.4	7.6	4.5	2.1
全セルロース	61.6	81.5	82.2	84.3
α-セルロース	60.9	65.3	63.9	63.3
β-セルロース	17.5	20.6	21.8	22.5
γ-セルロース	11.5	14.1	14.3	14.3
ペントサン	21.6	18.5	16.0	14.2
銅価	1.3	1.2	0.8	0.6
平均重合度		1830	1690	1400

ロース（植物体中で紙の主成分であるセルロースに随伴して存在する多糖類の総称）を多く含む紙料は漉きやすく、でき上がった紙は丈夫な紙質を与える。

　表1は雁皮および楮を炭酸ナトリウム10%、水量20倍、平釜（開放）で1.5時間の煮熟、流水で洗浄した紙料（パルプ化）の成分を比較した結果である[6]。冷水、温水および1%水酸化ナトリウムによる抽出物、ウロン酸、ペントサンの各項はヘミセルロースに関係した値である。雁皮紙料は楮と比較して親水性に富むヘミセルロースを2倍以上含んでいることがわかる。

　表2は雁皮の靭皮繊維の各製造工程での成分変化をより詳細に調べた結果である[9]。ここでは、炭酸ナトリウムの濃度を20%に上げて煮熟しているが、表1のそれと比較して雁皮紙料中のウロン酸およびペントサン量に大きな変化はみられない。また、叩解および抄紙の工程では大量の水で処理されるが、ヘミセルロースの流失量はわずかである。

　このように、雁皮繊維はセルロースに対してヘミセルロースが強固に配合された微細構造をとり、和紙の製造工程では除去されにくいことが明らかになった。雁皮紙料に大量に残ったヘミセルロースは水中で繊維

表面に厚い水和層を形成する。この層が叩解および抄紙の工程に寄与すると考えられる。

なお、雁皮原料中にはリグニンが少ないから、繊維細胞間の接着物質はペクチンであると考えて、蓚酸アンモニュウム水溶液で煮熟したところ、高収率でパルプ化することができた[10]。この結果から、古代の灰汁による煮熟でも雁皮は容易にパルプ化ができ、現在よりもヘミセルロース含量の多い紙料が作られていたと推量させられる。

雁皮紙料は大量のヘミセルロースを含有するから、長時間の叩解によっても結節（双眼）が発生しにくく、充分に内部フィブリル化ができる。したがって、できた上がった紙は地合がよく、堅く締まり、強靱になる。さらに表面が細密、平滑で光沢のある紙質になる。

3　抄紙工程における雁皮のヘミセルロースの作用

雁皮のヘミセルロースの化学構造を調べた。その主成分は、キシロース単位の約7個ごとに1個の割合で、メチルグルクロン酸が側鎖的に結合した鎖状高分子構造であることが解明された。特にウロン酸成分が多いことと重合度が高い特徴が認められた。また、このヘミセルロースとトロロアオイ粘質物の化学構造はよく似ていることが明らかになった[11]。化学構造が似ていることは、抄紙において同じような作用が期待できる。実際に、雁皮100%の紙料はトロロアオイ粘液を添加することなしに「わが国独自の流し漉き」ができた[6]。

そこで、トロロアオイ粘液（以後「ネリ」と称する）の抄紙工程での作用機構と雁皮のヘミセルロースの抄紙工程での作用を比較検討した。

「漉槽」にネリが添加されると、紙料繊維の分散性が向上すると同時に、簀の上に汲み込んだ紙料液の濾過速度が低下する。この現象はネリのもつ粘性と関係が深いと考えられていたが、抄紙が円滑に進行している「漉槽」の溶液粘度は、純水と比較して10〜20%増加しているに過ぎない。夏季にネリの働きが減退すると、大量に加えるので、粘度は30%程度に増加するが、抄紙の作業性は逆に低下する。この現象は、ネリの作用として、粘性は主な要素でないことを示唆している。

続いて、ネリの繊維層（紙漉での簀上に形成された紙層モデル）における吸着と透過性の関係が検討された[12・13・14]。その結果、新鮮なネリは洗剤に匹敵する界面活性を示し、繊維／水界面に厚い吸着層を作るこ

とが明らかになった。この吸着層は繊維層の中の水の流路径を小さくする。すなわち、目詰まり現象が生じ、濾過速度は低下する。さらに、この吸着層（水和層を含めて）は繊維相互の凝集を妨げ、分散性を向上させる。すなわち、ネリ分子が繊維の表面に厚い吸着層を形成することによって「わが国独自の流し漉き」が可能になると結論できた。

　雁皮の紙料繊維が水中でネリを加えなくても、よく分散し、沈降しにくいのは、繊維表面に含まれている大量のヘミセルロースが充分に水を吸収し、厚い水和層を形成するからである。先に述べたように、ネリが繊維表面に吸着して、繊維層での水の濾過速度を低下させるのと同じように、この水和層が簀上の繊維層からの水の濾過速度を低下させる。さらに、この水和層は繊維相互の凝集を妨げ、水中での分散性を向上させる。

　以上のような実験結果は「町田学説」の根幹である、雁皮が用いられるようになって「捨て水」の工程をもつ「わが国独自の流し漉き」の萌芽が認められるとする説を裏付けるものであった。

　「捨て水」は繊維を流れの方向に配向させる[15]。それによって、湿紙を乾燥させる際に紙床から一枚一枚をはがし易くし、でき上がった紙の表面は滑らかになり光沢を増す。雁皮紙をはじめ薄様紙が抄造される和紙では、特に重要な工程である。

おわりに

　雁皮紙は「薄くて、丈夫で、劣化しにくい、美しい」紙として「紙王」と呼ばれているが、このような特色は雁皮繊維のヘミセルロースによるところがきわめて大きい。

　本論文では、ヘミセルロースが抄紙工程ではたす役割について述べたが、紙質に対しても寄与するところは大きい。たとえば、雁皮紙は似たような繊維形態をもつ三椏紙とは比較にならないほど高い耐水性を示すから、植物染料など各種の水溶性色素による後加工が容易である。

　現在では一般の消費者が雁皮紙に触れる機会は少なくなったが、昭和35年（1960）頃までは最高級の謄写版原紙として広く親しまれていた。また、民芸運動の創始者、柳宗悦(やなぎむねよし)は昭和6年（1931）に安部榮四郎（昭和43年に雁皮紙で人間国宝）の漉いた雁皮紙を見て絶賛している。

　今日においてもなお世界的に評価の高い和紙は、雁皮繊維がなければ

存在しなかったであろう。その優れた特性が現代技術と結合し、生活の様々な場面で新しい活用が始まることを期待したい。

1) 町田誠之『正倉院の紙』日本経済新聞社、1970年、143頁。
2) 町田誠之『和紙の道しるべ』淡交社、2000年、197～245頁。
3) 久米康生「和紙の古代製法再考」『百万塔』第124号、2006年、47頁。
4) 湯山賢一「古代料紙論ノート」『正倉院紀要』第24号、2010年、72頁。
5) 増田勝彦「正倉院文書料紙調査所見と現行の紙漉き技術との比較」『正倉院紀要』第24号、2010年、85頁。
6) 町田誠之、錦織禎徳「ガンピ繊維の分散性」『紙パ技協誌』第18号、1964年、127頁。
7) 杉本一樹「正倉院宝物特別調査紙（第2次）調査報告」『正倉院紀要』第24号、2010年、1頁。
8) 前掲注2）29頁。
9) S. Machida, S. Nishikori, On the Hemicellulose of Ganpi Bast Fibers. 1. *Bull. Chem. Soc. Japan.* 31. 1958, p.1022.
10) 錦織禎徳、町田誠之「ガンピ繊維の高収率蒸解」『繊維学会誌』第19号、1963年、968頁。
11) S. Machida, S. Nishikori, On the Hemicellulose of Ganpi Bast Fibers. 2. *Bull. Chem. Soc. Japan.* 34. 1961, p.916. 前掲2）160頁。
12) 錦織禎徳「高分子溶液の繊維層における透過機構」『日本化学会誌』1974年、2170頁。
13) 錦織禎徳、千田貢「ビニロン／水界面におけるポリエチレノキシドの吸着」『日本化学会誌』1977年、272頁。
14) 錦織禎徳、千田貢「トロロアオイ粘液の若干の性質とビニロン／水界面における吸着挙動」『紙パ技協誌』第32号、1978年、99頁。
15) 錦織禎徳「和紙とネリ」『KAMI』第34号、2011年、6頁。

第3部-3

紙と水

大江 礼三郎

1 『紙と水』

　一昨年（2011年）、G. BanikとIrene Brückle著 "Paper and Water, A Guide for Conservators"（紙と水）[1] が刊行された。Banikは有機材料科学が専門で図書の保存科学あるいは文化財保存科学の分野で夙に著名である。酸性紙問題でもその名は馴染み深いものであった。本書は11人の著者による15章、540頁を越えるもので水の科学から紙の性質、紙の保存が解説されている。紙資料の保存に携わる人々に限らず、製紙科学技術者にとっても改めて紙と水の関係を復習できる教科書的名著であって、最近の知見が多色の説明図と添付DVDによって理解を深められる現代的入門書となっている。

　本書の15章の中、はじめの3章に水の科学、4〜7章に抄紙における水と製紙繊維の基本が述べられている。すなわち本書は水H_2Oの科学から始まる。水は水素結合するOH基をもっており、水が分子量に比して著しく高い沸点をもつなど、強い凝集性をもつのはそのOH基に由来している。紙の主体であるセルロース繊維の構成単位であるセルロース分子は、1分子当り水酸基（OH基）3個をもつグルコースが連結して出来た高分子である。このセルロース分子が集合してナノフィブリルとなり、それがさらに聚合を繰り返して最終的にセルロース繊維を構成している。つまり、基本的に水とセルロース繊維は水素結合し易いOH基をもつことで琴瑟の関係にある。

　水と紙について1977年秋、英国オックスフォードの国際的シンポジウムで「製紙における繊維と水の科学」が論じられたことがある[2]。水と

紙の関連は製紙科学者の基本認識でありながら、わが国では関係者の間のみに留まっていた嫌いがある。筆者が以前、講義の種本にしていたClarkの著 "Pulp Technology and Treatment for Paper" (1978)[3] も第Ⅰ部第1章は物質の結合と題し、製紙におけるセルロースと水の結合様式を取り上げ、第2章を水の特性に割いている。紙を語る場合、水なしでは始まらない。紙・パルプの教科書的名著 "Pulp & Paper" 第Ⅲ版 (1980)[4] においても紙の強さとして水素結合による繊維結合説が記述されている。

端的に、荒っぽく表現すれば製紙用繊維は水酸基をもつグルコースから出来た結晶性セルロースから出来ていて、同じ水酸基をもつ水分子と親和性があるから製紙用繊維は水の中で分散し、その水が抄造、乾燥の工程で離脱すると、隣接するセルロース繊維のセルロース分子同士に水素結合が出来る、つまり紙のシートが形成される。逆が古紙再生の理屈で、紙を水の中で離解できるのは紙の繊維が切れるのではなく、繊維間の水素結合が切れるためである。

2 世論にみる紙の強さ

海外では紙をどう考えているのであろうか。当世の多言語オンライン百科事典ウィキペディアで検索してみたことがある。英語の記述は2通りあって、一つは「パルプ繊維を湿潤、圧着、乾燥して作成される」とあったが、fiberをfibreと表記しているので英国系と思われるもう一つには「植物繊維が基本的に水素結合によって造られたもの」となっていた。ところが最近、再度検索したところ英国系の解説は姿を消していた。このオンライン百科事典は自由に編纂されるのが建前となっているから、年々歳々変化するので論議の材料とし難い。やはり記録は紙に印刷されたものでないと、と思う。

さて、わが国で紙の強さはどう思われているかである。二千年来使ってきた紙を定義するなど今更の感があろうが、人々が紙をどう思っているか、あるいは思ってきたかを知ることは無意味ではあるまい。まず身近なところではJIS規格なるものがある。これによると「紙とは植物繊維などをこう（膠）着させて製造したるもの」(2003年)とある。しかし、それ以前は「植物繊維などを絡み合わせ、こう（膠）着させて製造したもの」(1997年)となっていた。JIS用語での「繊維の絡み合い」は元々なかったのが1969年に挿入されたものらしいが近年、削除された。

もっともこの「膠着」なる用語も、膠で接着するような印象を与えるが、澱粉やネリなどを使わなくても紙は作れる。漉き水が乾燥する時、製紙繊維は自己接着するのである。

この「繊維の搦み合いに由る」との説は明治45年（1912）発行の書籍にあった[5]。当時の顕微鏡観察による西洋の知見では、同じ平面材料であるフェルトの場合、羊毛繊維の表面にある鱗片が刺さり合って強度が出るが、植物繊維の表面は滑らかなのでそれが起こらない。しかし、綿の繊維を紡ぎ、撚ると強度のある糸になる。そこで繊維の絡み合い説となったらしい。このフェルト形成説自体も適当ではあるまいが、当時発明された新鋭科学機器、顕微鏡による知見だったのだろう。この間の事情は大正6年（1917）の書[6]に詳細に述べられ、「紙質の強弱は主に繊維の搦合の可否によるものとすべし」とあった。

しかし、実際に紙を抄いた経験のある人ならば判ろうが、抄き網の上で繊維が絡んでは地合いがとれない。和紙に限らず西洋の紙漉きでも漉き桁を揺することが行われるし、ルイ・ロベールが発明した抄紙機にもその機能が付けられていた[7]。しかし、これは抄き簀に汲み上げた原料液で繊維が分散して紙の地合いを良くするためであって、繊維が絡んでしまっては紙にフロックが出来てしまう。

以上、明治・大正初期のいくつかの書物に見られる繊維の絡み合いによる紙の強度発現説は内容が酷似しているところからすると、海外の学説に拠ったものらしい。大正10年の『製紙工業』[8]には絡み合いの記述はないが、同15年の『最新製紙工業』[9]、昭和5年（1930）の『パルプ及紙』[10]には紙は繊維の搦み合い、あるいは絡み合って膠着して出来るとの表現がある。そして後者は昭和38年の第7刷になっても「紙は植物繊維が互いに絡み合い、膠着し合ってできた薄層」とあった。

1820年発刊の C. F. Cross & E, J. Bevan の著書[11]には「紙の強度は天然繊維の強度と凝集力によっていることは明らか」とされ、また顕微鏡観察で「紙の繊維が交差している」あるいは引張りによって「繊維の引き抜け」が起こるとの記述がある。このように西洋では製紙繊維の結合説が早くからあったし、わが国でも『パルプ・紙・レーヨン』[12]に「紙の抗張力は繊維素繊維間の摩擦、ファンデルワール結合および水素結合力によって生じる……抗張力には水素結合が格段と大きな因子となっていることが最近判明されてきた」となっていて、戦後、製紙関係科学・

技術者間では紙の強度は水素結合によるとの説が通念となっていた一方、JIS用語の説明などに見られるように、絡み合い説は根強く残ってきたのも事実である。

　和紙を濡らして引っ張るとすんなりと二つに引き抜けるとか、裂いて撚ってこよりにする場合に炭火にあぶってからすると強くなるなどは、子供の頃教わった身近な経験である。紙が墨や湿気などで様々な癖をもつことはよく知られていることで、半世紀も前になるが製紙会社の研究所長をされた先輩が講演会の席で「紙のことを一番理解しているのは表具師」としみじみと語られたことがある。大気の湿度、糊の水分などと紙の癖を知らなければ表具の仕事は出来ないからであろう。話が飛躍するが現代社会で論議されている科学・技術的問題も、もっともらしい技術的思い込みなどによって、実態と乖離していることがあるのではなかろうかと危惧している。

3　メディアとしての紙

　1980年代に始まったデジタル情報化時代では、どこでもいつでも膨大な文字、画像情報を瞬時に伝達、入手出来る。粘土板、貝多羅葉、木・竹簡、パピルス、羊皮紙から紙の時代を経、デジタルメモリーの記録容量は天文学的である。しかし、マイクロフィルム、ハードディスク、光ディスクなどの寿命は10年から精々100年とされている。一方、紙は既に2000年を超えたものが現存している。もっともデジタルメディアでも、石英ガラスにフェムト秒レーザーによる超短パルス・高出力レーザーで記録したものは2000℃に耐え寿命は3億年と云われるが、勿論、実験室的段階の話である[13]。この場合、読取方法は低倍率の光学顕微鏡でよいと言われている。この読取方法がデジタル情報では問題になる。図書保存に携わった友人は、マイクロフィルムの長所として読取装置は拡大鏡で済むことを指摘していた。さる超高密度3次元光メモリーの研究者が紙の本は3次元メモリーとして優れている、例えばエンサイクロペディア1冊を1行毎に裁断して1冊分を並べてみると大変な長さになる、PC液晶画面で検索、反復読取る操作となると結構面倒であるが本なら簡単に望みの頁が開ける、と言われていた[14]。本が3次元的情報記録媒体との見方は面白い。

　量としての印刷物、包装資材の紙、板紙には限界が見えてきたようで

はあるが、質としては不変の位置を占めている。さらに素材として、とくに和紙は素晴らしい。美術・工芸の分野でその生命は限りないと思う。

1) Gerhard Banik & Irene Brückle,"*Paper and Water, A Guide for Conservators*", ELSEVIER, 2011.
2) "*Fibre-Water Interractions in Paper-Making*", Tech.Div.; B.P. & B.I.F., 1978. 訳書『製紙における繊維と水の科学』中外産業調査会、1980年。
3) J.d'A.Clark,"*Pulp Technology and Treatment for Paper*", Miller Freeman Pub.Inc., 1978.
4) J.P.Casey,"*Pulp and Paper*",3rd ed.Vol.Ⅱ, A.Wiley-Inter-Science Publ.,1980, p.922.
5) 佐伯勝太郎編『化学工業全書』第15冊（製紙術）、丸善書店・南江堂、1912年、398頁。
6) 今岡顕『製紙の学理及実際』冨山房、1917年、1頁。
7) 大江礼三郎『百万塔』第135号、2010年、23頁。
8) 高田直屹『製紙工業』第2編第1章概説第1節、大日本工業会、1921年。
9) 前橋孝『最新製紙工業』冨山房、1926年、415頁。
10) 厚木勝基『パルプ及紙』丸善、1930年、465頁。
11) C. F. Cross & E. J. Bevan,"*A Text-book of Paper–Making*", E. & F. N. Spon, Ltd., London, 1920, p.85.
12) 下田功、岡島三郎『パルプ・紙・レーヨン』日刊工業新聞社、1960年、67頁。
13) 渡部隆夫「ASCⅡネット」日立製作所中央研究所、2002年11月19日アクセス。
14) 田中拓男、理化学研究所2012年度科学講演会。

第3部-3

古代紙に使われた繊維

宍倉 佐敏

1 正倉院の紙

　日本の古い紙として「正倉院の紙」が知られている。これは正倉院に所蔵されている多くの紙類の総称で、奈良時代を中心に各種の紙が存在すると言われ、この年代につくられたと思われる紙は一般に「古代紙」と呼ばれている。

　「正倉院の紙」の詳しい調査研究は2回行われ、第1回の調査は昭和35年（1960）10月から昭和37年10月まで3回行われ、調査方法は表面観察を主として、繊維の判定は、事前に正確な繊維見本紙を作成し、古代紙と見本紙を比較して行われている。第2回は平成17年（2005）10月から平成20年10月まで4回行われている。1回目と2回目の約50年の間には大きな科学の進歩があり、高感度の顕微鏡の他に、マイクロスコープなどの表面分析機器が現れ、2回目は紙の分析が科学的に行われ、繊維分析による繊維判定もC染色液など化学的方法が実施され、第1回に比べ信頼性の高い結果を得ている。

　この中で最も古い大業3年（607）の奥書を持つ「賢劫経」の料紙は、楮（こうぞ）を念入りに切断した紙とされ、他に600年代に書写されたと思われる経巻の料紙5点は全て楮を切断した繊維とされている。

　700年代初期の料紙も大麻（たいま）・苧麻（ちょま）の麻類と共に楮もほとんどの繊維が切断され、730年頃より雁皮を中心に三椏（みつまた）・マユミ・オニシバリなどの短い繊維と切断した楮を混合した料紙があり、麻類の使用が減少している。短い繊維が混抄された紙は地合いが良く、表面は滑らかになり紙質は向上した。この頃に地合いを調整する方法として、サネカズラやニレ

皮をネリ剤として使用したと考察されている。

750年頃以降はネリ剤の使用により楮の繊維切断は大幅に減少していることなどが「正倉院の紙」の第2回調査研究の結果として報告されている。

2　奈良時代の写経料紙

奈良時代は唐の文化を模倣した唐風文化であったので、製紙法も唐の製法を踏襲したものと思われ、その代表的な紙は麻類を切断し、充分に叩打しフィブリル化したと思われる「五月一日経」〔図1〕の料紙がある。苧麻の繊維は幅が広く、表面に皺が多く、コットン風の撚れもあり、紙の表面が平滑性になり難いので、書写用には打紙して使用する。

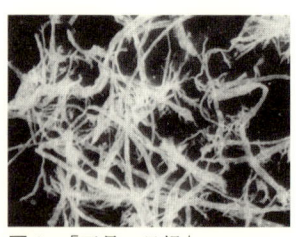

図1　「五月一日経」

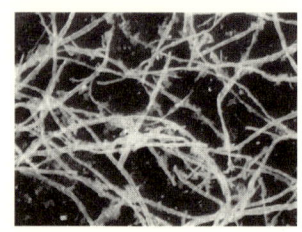

図2　「大智度論切」

「五月一日経」の苧麻の繊維は鋭利に切断され、外部フィブリル化は繊維の側面に多く生じている。これは長い繊維を5mm前後に切断処理し、その後に湿潤な繊維を叩打したと思われる。

この年代の楮紙は、非繊維細胞の残留が少ないので、長時間の蒸煮と充分洗滌にされたと思われる料紙が多く、繊維は5mm前後に切断されているが、切断面の外部フィブリル化が少ないので、鋭利な刃物で切断され丁寧に製紙が行われていることが判る。このように繊維を切断する工程は、『延喜式』にも「截」と記されている。

奈良時代中期頃になると楮に雁皮を混合した料紙が見られる。「大智度論切」〔図2〕は切断された楮に雁皮を混合した料紙で、雁皮のヘミセルロースの影響もあって、緊度が高く表面が平滑で紙の外観に高貴さが感じられる。

雁皮の繊維は楮や苧麻に比べ短く細く扁平で、粘着性に富み、太く長い楮の繊維に混ぜても、粘りや優美さ光沢などは失われず、地合いの良い丈夫な紙になるので、奈良時代後期になると雁皮の配合率が増大している。

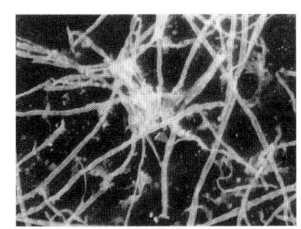

図3　「東大寺天平切」

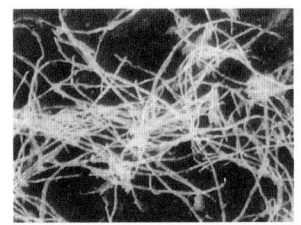

図4　オニシバリ

雁皮は栽培が難しく、自然生育のものを採取しているので、製紙原料としての供給量は少ない。

雁皮を楮に混合した漉き槽内の原料（和紙用語で種と呼ぶ）には粘性が生まれ、これが原料液にも粘性を持たせ、水中での繊維特性である沈澱性、凝集性を抑制する効果を高め、簀桁に汲まれた原料液は脱水が遅くなり、漉き易く厚薄の少ない平滑性の高い良質紙が生まれる。特にジンチョウゲ科の靭皮繊維は他の植物繊維に比べ醱酵（レッチング）しやすく粘性度が高くなるのでその効果を増す（町田誠之氏の町田学説と呼ばれる）。

これをヒントに醱酵した雁皮と同様な粘性を持つニレ・サネカズラなどを漉き槽内に添加する事によって、製紙法が改良され生産効率も向上したと思われる。

宝亀元年（770）に完成された「百万塔陀羅尼」と「その包み紙」の調査によると、その原材料・製法は産地・生産者毎に異なり、楮単独紙が60％、楮と雁皮混合紙が30％で、苧麻紙や楮と苧麻やオニシバリとの混合紙も見られた。これは奈良時代後期の紙はほとんど楮が主体の紙がつくられ、陀羅尼・包み紙とも楮単独の切断された楮の紙と、長いままの楮の紙は半々であった。

「東大寺天平切」〔図3〕は切断作用の少ない楮の料紙で、良く洗滌され非繊維細胞は少なく、充分叩打されているので繊維の結束はほとんど見られない。

楮の繊維は太く長く円筒形のカジノキ系と細く短くリボン状のヒメコウゾ系があり、この繊維はカジノキ系の楮と思われる。なお、図2の楮はヒメコウゾ系と判断した。この料紙は打紙後、強いニカワ処理がされている。

雁皮紙のような透明感は乏しいが、表面が平滑で気品を感じる料紙がある。これは奈良時代に見られるオニシバリの繊維で、資料には極め状は無いが、特異な料紙として貼付されている。

オニシバリ〔図4〕はジンチョウゲ科植物繊維で、雁皮より円筒形で三椏より細く、C染色液で淡い緑色に反応する。オニシバリは夏坊主とも呼ばれ、冬季は緑葉が茂っているが、夏季は落葉する特異性がある。
　「賢愚経」（茶毘紙）にはマユミ樹皮繊維が使われていて、特殊紙として知られている。

第3部-3

伝統工芸のグローバル化

藤森 洋一

1 二つのグローバル化——伝統工芸を取り巻く環境の変化

　伝統工芸は、前近代的な生産様式でしか、品質を維持することが出来ず、すこぶる効率の悪い物作りの手法である。とは言うものの、その手法の効率が悪いと言って伝承という名の下に技術の革新なく継続していたなら、その先に来るものは自ずと想像に難くない。伝統工芸と言っても不変性はなく、時代が移ろい変わる様に消費者の気まぐれに翻弄されるものだ。

　民衆的工芸（民芸）であった時代は、幾ばくともなく日常的であった。ある意味生活用具だったのかも知れない。それが大量生産大量消費が叫ばれる時代になって、工業化が進み、より簡便で、より安い代用品に変えられた。反面、一部の工芸はアートの域まで昇華され、趣味者に蒐集されるようになった。このように物作りは二層に分けることが出来るようである。

　民芸は、工芸への道を探りながらも、工業化された代用品との競争の中にあって、機械化できる作業工程から機械化を進めて行き、過酷な労働条件やコスト競争からの優位性を保とうとしてきた。また、グローバル化の第一段階としては原材料を海外に求めた。手漉き和紙でいえば、1980年頃から韓国やタイ国に楮の原料を求めて訪問するようになった。これは紙の売価を決める場合に材料費＋人件費が基礎にあるのであれば、当然考えられることである。

　大きく社会環境が変革した現在は、果たしてこの計算が成り立つだろうか、そしてこのような手法の物作りが成り立つだろうか、問われてい

る。そして今や原材料の輸入だけでなく、人件費までもグローバル化され、類似品が考えられないような価格で店頭に並ぶようになった。これをグローバル化の当然の帰結と考えるのか経済の負の遺産と考えるかは、観点により違ってくるが、間違いなくこのことは伝統工芸の生産現場へ影響を与えた。また、高齢化による労働人口の減少が消費動向の変化に現れ、それに伴う経済の停滞など複合的な要因による消費の縮小が顕在化して来た。その変化の端的な現れが、消費は物の機能性だけでは購買の動機にはならなくなったことである。その物を手に入れることによる満足感、所有することによる心の充足感が求められている。

　取り巻く環境の変化に方向を見いだせないまま、このような閉塞感のある社会環境の中にあって伝統工芸は、消費を求めて海外への販売展開を模索してきた。その伝統工芸に欠陥があったのかそれとも手法に誤差があったのか、まだ多くの成功事例は残せていない。

2　なぜグローバル化なのか

　すべての伝統工芸がグローバル化を考える必要はない。ローカルなマーケットで生き残ることができる充分な生産量と消費のバランスを考慮すればよいからだ。これはこれでバランスが取れれば、これ以上を望むこともない。特に、日本の文化に根ざした伝統工芸は、その「和の文化」の中で醸成されて来た。それが一夜にして断絶することもなく霧散することもない。この文化が続く限りにおいて、その一翼を担う伝統工芸は未来に続く道が、日本の文化と共にある。

　しかし、若気の熱病みたいなもので、経営規模とか少しのチャレンジ精神（危機感の裏返し）が重なり合えば、海外展開を模索する。ただ、異文化の中に日本の文化を根ざそうとするには、啓蒙と言う間断のない情報の発信に時間と労力と資金を必要とし、それらの手段を尽くした後に消費が発生する。それと自社商品がグローバル化できる商品かどうかの見極めが大事である。

　消費の中心であった労働人口の減少は日本の経済に悪循環を来している。内需の減少は価格競争に陥り、デフレ傾向をより進める。当然、高価格帯の伝統工芸品は売れない。かといって価格を下げると売れるかというと、既にグローバル化した伝統工芸は中国製やベトナム製との価格競争になってしまう。特に、品質的に中途半端な商品は価格競争のやり

玉に上げられる。世界の日本びいきのマーケットは日本の伝統工芸の類似品や代用品で溢れており、その中への参入には大変勇気がいる。

　そこでこのようにグローバル化された社会にあって、伝統工芸は前近代的な生産形態を維持しながら、存続をなし得て行くためには当然のことながら労働に見合う売価が求められる。その意味で、材料費＋人件費では計れない高付加価値商品へとシフトする必要に迫られている。

　ある哲学者は商品には使用機能を超えたデザインがあり、保持する喜びを得るためのブランド化であり、情報を伝達して交換するシンボルでなくてはならないと説いている。

3　伝統工芸と言ってもちょっと違う和紙の事情

　和紙の場合は伝統工芸と言っても少し特殊であり、基本的には、作られたものは素材であって完成されたものではなく、未完成の素材である。素材であるがために多くの人たちの手に渡り、多面的な用途が考えられ使用されている。一般的にはアーティストやデザイナーの手を経て、作品あるいは商品化されている。ごく少数の産地においてだが、地域の特性を出そうと独自の商品を作り出す試みもなされているが、数少ない事例であり、大半の産地は素紙として供給している。

　さて、その産地性を考える場合、数十年前までは地方の気候風土に即した産地の特性を強く出すことが出来た。そして、その地方で採取された原材料を使い、地元には紙漉き道具を作る職人がいた。また、産地問屋という流通業が、指導的な立場で販売から生産に関与していた。それらの環境のもとで、紙漉き職人は地方色豊かな和紙を漉き出していたのである。しかし、ここ数年の有り体は、産地問屋の指導力の弱体化により各産地とも一様に輸入原材料を使用し、同じ道具で、同じような没個性的な紙を漉いているように見受けられる。そのことが原因かどうかの検証は別の機会にして、紙需要が増えるのとは相反して和紙の需要は減少の一途をたどった。その結果、生産規模の縮小は、生産数量から見て産地形成あるいは地域形成が不可能になってきている。

　ミクロ的に見た場合、ある産地は地域性を出そうと努力しているが、すでに量的規模において地域性を出すほど市場にたいする影響力はなくなり、マクロ的に見ればその規模は、伝統工芸という画一化された全体像の中に整理され埋没してしまう。

4　阿波和紙の試み

　和紙を取り巻く経済環境の変化を含めた和紙業界の諸問題は、阿波和紙でも同様の問題として取り上げることが出来る。あるいは、伝統工芸の共通の問題かも知れない。
　①生産規模の縮小、和紙の機械化、用途の変容、後継者の高齢化
　②市場（ニーズ）の変化：消費の縮小、流通の変革、高価格化、東南アジア産紙との競合
　③情報の伝播：生産者と消費者の直結、マーケットのグローバル化
　これらの諸問題は良きに付け悪しきに付け、今に始まったことではなく、我々に限らず常に時代の趨勢を見極めようとした先人も同じように悩み、何らかの解決策を試みて来た事柄であると考えられる。多分、今もこれからの将来も同じように問題定義をしながらチャレンジして行くことには間違いない。
　アワガミでは、製造方法の工夫と情報の発信にこだわって活動を行って来た。
　また、手漉き和紙の製造を維持しながら、和紙の製造の機械化を試みた。手仕事の延長として抄紙機を使って和紙作りをしており、言わば、手漉き紙の代用品である。とは言うものの、多少の労働条件の改善にはつながるが、楮（こうぞ）、三椏（みつまた）、雁皮（がんぴ）などの靭皮繊維にこだわって紙作りを進めて来たために、期待する程のコストダウンは出来ない。手漉き紙では海外のアーティスト向けに作られた和紙の特長とは裏腹な、厚くて大きい紙を作る試みをしている。
　アワガミの情報の発信は紙漉き技術の伝達であった。1980年にハワイのホノルル美術館で開催された「タパ、和紙、西洋手すき紙」というシンポジウムに招聘され、この時に初めて新しい紙漉の技法と方向性を目の当たりにした。この経験がアワガミの方向を示唆した。その３年後に国際紙会議'83が京都で開催されたが、この会議は和紙の歴史の中で革命的な事象を内在していた。アワガミにとって、もう一つの新しい和紙のグローバル化が始まったターニングポイントであったのではないかと思える。
　1980年のハワイに始まり、それ以降毎年のように海外で手漉き和紙研修会に招聘され参加した。また、国内でも1983年から手漉き和紙研修会を毎年８月に開催し、毎回国内外から15名前後の参加者があり、内外を

含めると600〜700名の研修生を送り出した。会期中は伝統的な阿波和紙の作り方を指導し、楮の皮はぎ、煮熟、紙漉き、乾燥など全ての工程を1週間かけて、工芸の心の伝達手段としての和紙の製造工程を体験する。

このような活動を年間を通して、システム的に阿波和紙を紹介できる施設（一般財団法人阿波和紙伝統産業会館）を計画し、1989年に設立をした。

この和紙会館の運営を通じて感じたことは、グローバル化とは、海外に出て行くばかりでなく、産地に何らかの方法で招き入れることもグローバル化なのではないだろうかということだ。特に、ヴィジティングアーティストとの作品の制作を通じての交流は、伝統的な和紙に新しい創造の可能性を見いだすことが出来た。

5　グローバル化することとは（今一度、地域に対するこだわり）

中国で発明された紙作りが朝鮮半島を経て日本に伝わり、世界に比類のない紙として完成されたと自負する和紙が、手漉き紙の世界にあっては東方の一産地になろうとしている。ここ数年顕著に東アジアでの手漉き紙の台頭があり、タイ、フイリピンやネパールでは日本国の技術開発援助の一環で、インドは欧州経済人の開発で手漉き紙の大産地を形成しようとしており、今すでにこれらの国々で作られている紙と一部では競争が始まっている。共存共栄と言うと言葉はきれいだが、すでに我々以上の資金と組織を持った彼らは、我々を紙の産地の一地域にしようとしている。誤認して欲しくないことは、彼らは技術に関しては途上かもしれないが、ビジネスセンスに関しては強ち（あなが）そうとも言えない。我々以上にハングリーで一筋縄ではいかないことは事実である。

原材料を低開発国に求め、ついで製品まで現地生産を試みるまでになった現在、好むと好まざるに関わらず、グローバル化した経済環境の中では、伝統工芸と言われている和紙の世界であっても、外来紙の存在を無視することは出来なくなった。

今一度原点に立ち返り、その工芸を育んできた地域のこと、その工芸のより所となった文化やその工芸品に対する問いかけが必要である。過去にそうであったように、今一度産地に対するこだわりをもたなければ、他の競争相手との優位的な差別化はならないと考える。

グローバルとは、偉大なるローカルかもしれない。

第3部-3

紙のエコロジー
―紙は環境を破壊するのか？環境を保護するのか？

岡田 英三郎

はじめに

"紙は木材から作りだされるので、地球温暖化の原因となっている炭酸ガスを吸収する森林資源を破壊して、地球環境悪化に加担している"と悪玉にされたり、"紙のリサイクルは資源の無駄使いをなくす"と善玉にされたりと、紙に対する評価は今日もなお揺れ動いている。

いずれの喧伝も少し冷静に考えれば、事はそれ程簡単ではないのである。本論文ではそれらの問題点を提起したい。

1 紙と古紙リサイクルの現状

(1) 紙の生産量と消費量

世界の国ごとの紙の生産量（2010年）を図1に示す[1]。

最近経済成長の著しい中国が第1位を占め、日本は米国に次いで第3位となっている。本統計によると、図1に示された紙・板紙生産上位10ヶ国で、世界の生産量の73％を占めている。

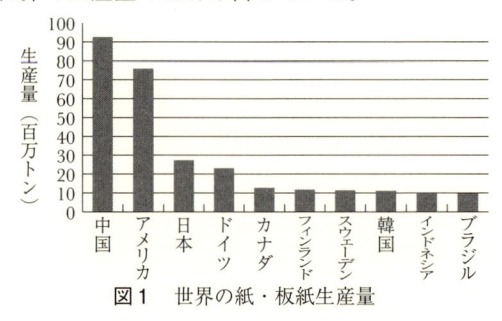

図1 世界の紙・板紙生産量

中国での紙生産量は、今後もさらに伸長することは間違いない。製紙原料を含め生産エネルギーをどのように手当てするのか、環境問題と関わり大きな問題になる。

国別の紙生産量は図1の示す通りであるが、国別の国民1人当たりの紙・板紙の消費量（2010年）は、図2に示すようになっている[2]。

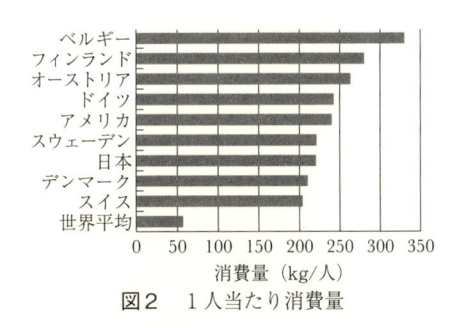

図2　1人当たり消費量

図2に見るように、概ね先進国といわれる国では、1人当たり年200kg以上を消費している。ちなみに図2に見る上位10ケ国の国民1人当たりのGDP（国民総生産）は20位以内にある。

生産量世界一を誇る中国の現時点での国民1人当たりの紙消費量は約70kgと推定され、さらに今後も増大傾向にある。中国の今後の動静が、製紙原料の需要動向、引いては環境問題にも大きな影響を及ぼすことがあることを再度強調しておく。

さて、2010年の日本における国民1人当たりの年間消費量が220kgであることを述べたが、これは1日1人当たり600g強となる。紙の生産量の約半分は板紙（多くは段ボールとなる）である。一般市民は、自分の見えないところで毎日の食品や生活品の運搬包装用として、多量の段ボールが使用されていることを認識していないのではないだろうか。

(2)　紙の原料とリサイクル

紙の原料となるセルロース繊維の由来は、大雑把に言って木材と古紙に由来する。この木材の利用について、かつて森林破壊の要因として、製紙産業がスケープゴートとなったことがある。世界的に見ると、森林破壊の原因の多くは途上国におけるエネルギー源（薪材）としての使用や新しい耕作地の開発であることは明らかとなっている[3]。

さらに、製紙原料の木材由来の内訳は、日本製紙連合会の小学生用リーフレットによると、植林された木が54％、細い木や曲がった木が21％、板や柱（筆者注：建築用材料）を取った残りの木が23％、古い木が2％とある[4]。

日本の製紙業界は積極的に植林を進めている。植林によってその地域の経済や生活を支えているということを承知の上で、植林という行為そのものが自然環境の破壊に加担しているのではないかという問題提起があることを、指摘しておきたい。

(3) 製紙原料としての古紙リサイクルについての考察

日本では古くから紙を再利用することが伝統的に行われている[5]。古紙の回収率も高い。1989年シアトルで開催されたTAPPIで、脱墨剤について研究発表を行った際に[6]、会場から"日本ではなぜそのように古紙回収率が高いのか"という質問があった（当時日本では約50％、アメリカでは約25％）。筆者は、①日本の国土は75％が森林で被われているがほとんど山地であり、パルプ材の搬出にコストがかかること、②国土が狭く人口密集地が多いために古紙の回収が効率よくできること、③古紙回収のシステムが比較的よく構築されていること、と答えた。さらに1991年シカゴで開催されたWastepaper Ⅱのカンファレンス[7]で、④伝統的にモノを大切にするモラリティがあり、古紙回収がスムーズなことを付け加えた。

さて、このように1990年代世界に冠たる回収率を誇った日本はその後どう推移したかを図3に示している[8]。

図3から明らかなように、2010年における古紙回収率は78.3％と順調

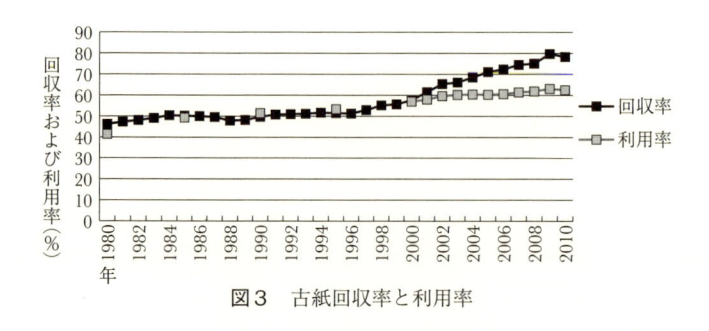

図3 古紙回収率と利用率

に伸び、驚異的な数字になっており、製紙における古紙の利用率は62.5％とかなり高い水準になっている。

古紙回収率と古紙利用率のかい離が目立つが、統計資料を精査すると、その差は大雑把に見て、2000年以降の古紙輸出の増加（主として中国向け）と了解される。

世界的に見ても、日本における古紙回収率・利用率は極めて高い水準にある。日本社会における古紙回収率および利用率、さらに古紙処理技術を含めて、日本における古紙リサイクルに対する意識は世界最高水準にあるといっても過言ではないと思う。

以上の統計データから、日本における古紙回収や古紙利用技術が環境改善に役立っているなら、地球エコロジー問題にきわめてハッピーな結果をもたらしているように見えるが、はたしてそうなのだろうか。いくつかの問題点について以下に述べる。

2 紙と環境におけるいくつかの問題点
(1) 紙のリサイクルは環境にやさしいか

回収された古紙は大部分が紙として再生されている[9]。

概ね回収紙は「新聞古紙（チラシを含む）」「段ボール古紙」「雑誌古紙他」「上質古紙」に分けられる。この内「上質古紙」は、通常事業所から出され衛生用紙（トイレットペーパーやティッシュペーパー）に再生されることが多いが量的には僅かである。

「段ボール古紙」と「雑誌古紙他」の大部分は段ボール原紙や紙器用原紙に再生される。段ボール原紙や紙器用原紙の90％以上が古紙から作られるというのであるから、紙のリサイクルの優等生といってよいだろう。

「新聞古紙」は一部印刷用紙などにも使用されるが、多くが再び新聞紙として再生されている。新聞紙にはおよそ50〜60％の「新聞古紙」が使われている。新聞紙もまた優等生といってよいだろう。

さて、上述のように日本においては、極めて高率で古紙回収や古紙利用が行われていることは分かったが、このことが地球環境の保護につながっているのかどうかを問題にしたい。

図4は、日本製紙連合会のリーフレット『活かす資源　守る環境』[10]に掲載された「森と紙とエネルギーのリサイクルのチャート図」である。

森と紙とエネルギーのリサイクルのチャート図

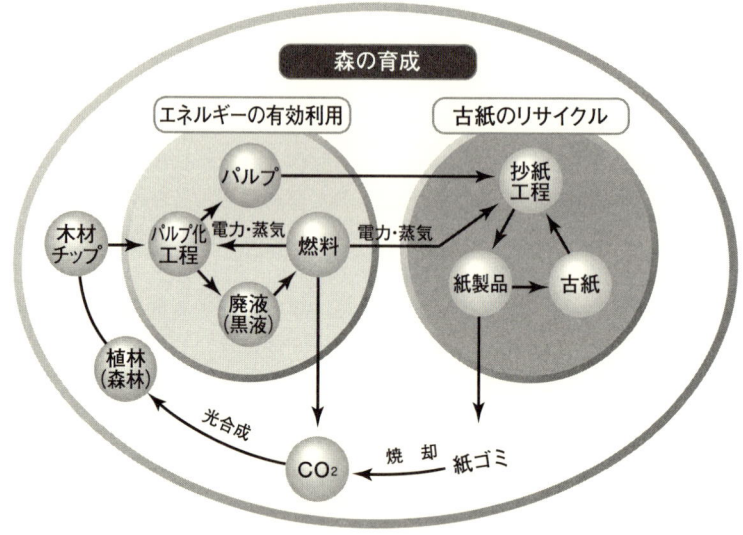

図4　紙と環境の関わり

　この図を一見すると、系が閉じているように見える。しかし、紙のリサイクルはそれ自体、決して閉じた系でないことを忘れてはならない。すなわち、木材から紙の繊維を取り出す工程に比較して一定程度エネルギーは軽減されるだろうが、古紙再生のためにも多量の化石エネルギーが投入されることを忘れてはならない。

　紙パルプ産業そのものがかなりなエネルギー多消費産業であることは、業界そのものが自認している。製紙産業全体としては1981年から2011年にかけて、エネルギー原単位を約30％削減したと報告されている。また化石エネルギーも約20％程度削減されたようである[11]。しかしながら、古紙リサイクル率の増加がどの程度エネルギーおよび化石エネルギー減に寄与したかということは示されていないので、古紙リサイクルが地球環境を守るのにどの程度寄与したのかは不明と言わざるをえない。

　古紙リサイクル率の高揚は素晴らしいことであるが、しかし問題も生じてくる。

　古紙を再生している製紙会社にとって、古紙は決して廃棄物ではなく原料なのである。すなわち生産者として、原料はできるだけ均質なもの

を使いたいのである。ところで回収古紙が多くなると原料として入ってほしくない"禁忌品"[12]が必然的に増加混入してくる。例えば"禁忌品"が0.1％増加したからといって、その除去作業に費やされる作業エネルギーは0.1％増ではすまない。

微細化して紙にならないセルロース繊維の分離（後焼却される）や無機物（紙の表面コーティング材あるいは内添された填料）の分離処理にも相応のエネルギーが必要である。

槌田敦氏はその著書『環境保護運動はどこが間違っているか？』において、牛乳パックの回収・再生は間違っていると主張している[13]。槌田氏は牛乳パックの再生処理には化石燃料が使われて結局高いものにつき、むしろ燃料として焼却処理したほうがよいのだとわかり易く説明している。

いずれにしても経済性を無視した環境保護運動はなかなか難しいということである。

この点、ダンボール生産や新聞紙生産における古紙の利用は長い歴史があり、経済的にも何とか見合うようになっている。

(2) エコ・エコノミー

環境問題は現在の経済活動のなかで問題を解決しようとしてきた。したがって経済性が表面に出てくると、さまざまな難題が生じてくる。例えばオフィスにおいて多量に使われているコピー用紙は、古紙再生品は品質が劣り（白色度が低い、コピーマシンにトラブルを起し易いなど）、コスト的にも高いと言われている。企業や特に官庁では、コスト高に目をつむって使っているのが現状である。しかし、その姿勢は本当に正しいのだろうか？

経済活動のなかから環境問題を解決しようとする従来の思考に一石を投じたのが、レスター・ブラウン氏である。彼は大きく視点を変換して、生態学（環境）の立場から経済を考えるということを提案している。そしてそれを「エコ・エコノミー」と呼んでいる。彼の著書では、紙についてそれほど多くの記述はない。紙のリサイクルと環境を考える中で、紙のリサイクルがどの程度環境保護に関与しているのかということは、もう一度冷静に定量化しておく必要がある。

(3) 紙のLCA（ライフサイクルアセスメント）

LCAとは、商品の大規模開発による環境への影響を予測する手法である。

本論文に取り上げている紙（リサイクル紙）と環境との関わりについては、すでに製紙連合会が示している（図4）。端的にいえば、この図のサイクルを廻すために、どのようなエネルギーが必要なのかを定量的に解析すればよいのである。

先に指摘したような問題点は、紙のリサイクルと環境保護という命題を立てたLCAのごく一部の要因であることが分かる。ここでは指摘しなかったが、発展途上国における植林が、現地住民の生活の安定をもたらしていることも重要な要因であろう。レスター・ブラウン氏も貧困と環境が極めて密接に関係していることを指摘している[14]。

本論文を成すにあたって、LCA手法による解析を試みようとしたが、要因の提示が十分でないことや、定量的なデータが欠けていることなどで、解析は不可能であった。今後業界や学会が共同研究されんことをお願いしたいものである。

3　結語——紙の行方

紙は最初の使用途を終えてもその性能を生かしてさまざまに利用できる。いわく、余白を利用してメモをとる、モノを包む、装飾する、別品に加工する、補強材とする、紙に再生する、などがある。これらの紙の再利用はエネルギーの消費を引き延ばしているかもしれない。

しかし、紙は、究極は焼却されるか腐朽することになる。そのことを化学的にいえば、紙の主成分であるセルロース繊維が炭酸ガス（CO_2）と水（H_2O）になってしまうということである。

炭酸ガスと水といえば、太陽エネルギーを受けて再び草木に再成され、紙として利用できるものである。このことは、石油や石炭あるいは鉄や銅やアルミのような鉱物資源と全く違うところである。石油や石炭も最終的には炭酸ガスと水になるが、自然エネルギーを利用してふたたび石油や石炭に再生することはほとんど不可能であろう。鉱物資源も元の利用できる形態に戻すには膨大なエネルギーを要することは自明である。

それに比べ紙という素材は、見える形で次世代へ継承でき、かつ太陽エネルギー（光合成）を利用して、容易に原料の木材に戻すことができ

るという大きな利点をもっている。

　問題を単純化すれば、紙は環境に対する影響が見えやすい、極めて優れた素材であると結論できる。すなわち、化石エネルギーを使わなければ（それはとても難しいことであるが）、図4は完全に閉じた系となる。

　本論文の結語として上述のような問題提起に対し、識者の検討をお願いしたい。その際、エコ・エコノミーの視点からもう一度紙というモノを考え直したいものである。

1) 日本製紙連合会ウェブサイト（http://www.jpa.gr.jp）より「世界の紙・板紙生産量（2010）」；原資料は、RISIアニュアル・レビュー（RISI：Essential information for the forest products industry）。
2) 注1)「国民一人当たりの紙・板紙消費量（2010）」。
3) FAO, FAOSTAT Statics Database Feb. 2001.（北濃秋子訳、レスター・ブラウン『エコ・エコノミー』家の光協会、2002年より引用）
4) 日本製紙連合会企画、東京都小学校社会科研究会監修『ペーパーワールド』2007年。
5) 岡田英三郎『紙はよみがえる――日本文化と紙のリサイクル――』雄山閣、2005年。
6) F. Togashi & E. Okada "A New Chemical and New Trend In Flotation Dinking Technology In Japan", Tappi Proceedings, 1898, Pulping Cnference.
7) E. Okada & T. Skaar "Deinking Chemistry Used in Japan", Wastepaper II, 1991.
8) 公益財団法人古紙再生促進センターウェブサイト（http://www.prpc.or.jp）より「古紙回収率及び古紙利用率推移（グラフ）」（2010年）：古紙回収率および古紙利用率の定義については本ウェブサイト「11. 古紙に関する用語の整理」参照。
9) 注1)「環境への取り組み　分別収集について」。
10) 日本製紙連合会リーフレット『活かす資源　守る環境』2007年11月。
11) 注1)「環境への取り組み　省エネ対策」。
12) ㈶古紙再生促進センター『古紙ハンドブック2010』2011年、「⑦古紙に含まれる禁忌品、異物類とその対策」。
13) 槌田敦『環境保護運動はどこが間違っているか？』宝島社、2007年。
14) レスター・ブラウン『エコ・エコノミー』家の光協会、2002年；同『エコ・エコノミー時代の地球を語る』家の光協会、2003年；同『プランB　エコ・エコノミーをめざして』ワールドウォッチジャパン、2003年。

第3部-3

野菜の紙

木村 照夫

はじめに

　JIS規格（JIS P001 4004）によると、紙とは「植物繊維その他の繊維をこう（膠）着させて製造したもの。なお、広義には、素材として合成高分子物質を用いて製造した合成紙のほか、繊維状無機材料を配合した紙も含む」と定義されている。さらには「植物、鉱物、動物又は合成繊維若しくはそれらの混合物に他物質を添加（又は無添加）して、適当な地合形成装置上に懸濁液を堆積させて作ったもの」と記されている。懸濁液の液体としては、通常、水が使われ、水に分散した短い繊維を網の上に薄膜状に抄きあげて作成するのが一般的である。天然繊維を素材とする紙の多くは、セルロースの水素結合を利用してシート化している。すなわち、セルロースを含むほとんどの植物から紙が作成できることになる。我々の身近にあるものでセルロースを含む物質の例として野菜（含：果物）が上げられる。したがって、野菜からも容易に紙が作成可能となる。従来から野菜シートは試作されてきたが、前述の紙の定義に基づいた製法（地合形成装置上に懸濁液を堆積させる製法）で作成し、事業化されたものは数少ない状況にある。

　しかし、近年になって環境保護・資源の有効利用の観点から、野菜を用いた紙づくりが注目されるようになってきた。野菜や果物は形のいびつさや需給バランスの崩れから、生産量の半分近くが廃棄されていると言われている。また、野菜や果物の加工工場からも大量のカット屑や果物の皮が廃棄され、非常にもったいない状況にある。循環型社会形成の観点からも、これらの有効利用法の確立が望まれているのである。

1 野菜の組織と紙への応用

『広辞苑』「野菜」の項目には「野菜は生食又は調理して、主に副食用とする草木植物の総称。食べる部分により、葉菜あるいは葉茎菜・果菜・根菜・花菜に大別。芋類・豆類はふつう含めない。青物。蔬菜」と記載されている。野菜は種類が多いが、共通して水分が多く、難消化性多糖類であるセルロースやペクチン、糖分、およびタンパク質が主な構成成分である。糖質はOH基、またタンパク質はOH基とNH基によって水素結合が可能であることから、野菜を用いた紙の作成も可能となる。表1[1]は一例として各種野菜の可食部の成分を示している。

野菜の組織、構造は田村咲江[2]によって詳しく説明されている。すなわち、野菜は表皮系、基本組織系および維管束系からなり、基本組織系は柔組織、厚角組織および厚壁組織からなり、食用野菜の大部分を占め、とくに柔組織が最も多い。柔組織では図1[2]に示すように細胞壁が細胞を取り囲み、細胞内はほとんど液胞で占められ、この液胞に野菜の味に関わる成分や栄養物資などの多くの水溶性物質が貯蔵されている。細胞壁は表2[2]に示すように結晶性の繊維と非結晶性のマトリックス成分からなり、非マトリックス成分はセルロース微繊維の間に存在して網目構造を形成している。

後述のように、野菜を粉砕するとこれらの組織が破壊されるとともに水溶性物質の一部は流出するが、抄紙して乾燥させることで隣接粉砕物質の水素結合により再びシート化されるものと考えられる。

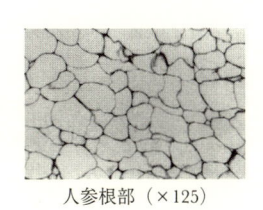

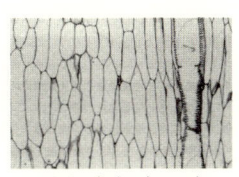

ダイコン根部（×120）　　人参根部（×125）　　ゴボウ根部（×125）

図1　各種野菜の柔組織

表1 野菜の成分

成分		たまねぎ	人参	みずな	とうがらし
エネルギー (kcal)		37	37	23	96
水分 (g)		89.7	89.5	91.4	75
タンパク質 (g)		1	—	—	—
炭水化物 (g)		8.8	9.1	—	16.3
無機質 (mg)					
	ナトリウム	2	24	36	—
	カリウム	150	280	480	760
	カルシウム	21	28	210	—
	マグネシウム	—	—	—	42
	リン	33	—	64	71
	鉄	0.2	0.2	2.1	—
	亜鉛	0.2	0.2	—	—
	マンガン	0.15	—	—	—
ビタミン					
A	β-カロテン当量(μg)	—	9100	1300	6600
	B_1 (mg)	0.03	0.05	0.08	0.14
	B_2 (mg)	—	0.04	0.15	0.36
	B_6 (mg)	0.16	0.11	0.18	1
	C (mg)	8	4	55	120
	葉酸 (μg)	—	—	140	41
食物繊維総量 (g)		1.6	2.7	3.0	10.3

(可食部100gあたり)

表2 細胞壁を構成する高分子量物質

相	構成物質	成分
結晶性繊維	セルロース微繊維	セルロース
非結晶性マトリックス	架橋グリカン	キシログルカン、グルクロノアラビノキシラン、マンナン
	ペクチン	ホモガラクツロナン、ラムノガラクツロナン
	タンパク質 糖タンパク質	ヒドロキシプロリンに富むタンパク質、各種酵素
	リグニン	架橋結合したクマリルアルコール、コニフェリルアルコール、シナピルアルコール

2 野菜紙の作成方法と特徴

図2は野菜紙の作成方法の一例を示す[3]。ここで、抄紙機にはJIS P8222：1998（パルプ―試験用手すき紙の調製方法）に準拠した装置を用いている。まず、所定の野菜をミキサーを用いて粉砕する。このとき、野菜単独でも粉砕可能な場合もあるが、水を加えることによって容易に粉砕できる。次に粉砕物（水と野菜の懸濁液）を抄紙機のタンクに投入し、水を加えて攪拌する。その後、抄紙機下部に設けられたバルブを開き、タンク内の水分を流し出すことによってタンク下部に設置された網上に野菜成分が堆積し、これを乾燥させることによって野菜紙が完成する。図3は抄紙された野菜紙の一例を示しているが、ほぼすべての野菜から紙の作成が可能である。ただし、野菜の種類によって先述のように水分率ならびにセルロースをはじめとする成分の含有比率が異なることにより、作成された野菜紙の特性は各野菜で大きく異なることになる。また、ミキサーによる粉砕条件によって先述の細胞壁の粉砕状況や柔細胞内の成分の流出状況が異なり、野菜紙の特性が大きく変化することは容易に想像できる。一般的には繊維質成分が多い野菜ほど歩留まり（投入した野菜重量に対する作成した野菜紙の重量割合）の良い紙となる。また、果物の皮には多くの繊維が含まれていることより、野菜に比

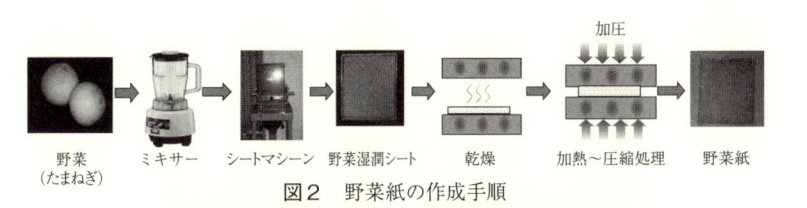

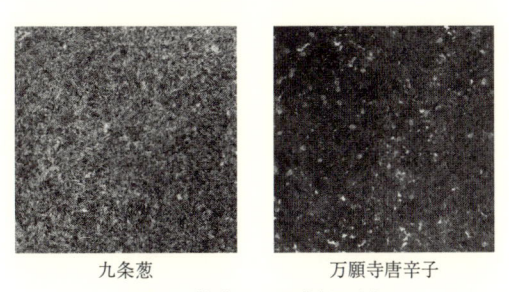

野菜　→　ミキサー　→　シートマシーン　→　野菜湿潤シート　→　乾燥　→　加熱～圧縮処理（加圧）　→　野菜紙
（たまねぎ）

図2　野菜紙の作成手順

九条葱　　　万願寺唐辛子

図3　作成した野菜紙の例

図4　野菜紙を用いた種々の料理

べて果物の皮は紙が作りやすく、野菜も繊維質の多い茎の部分を用いると歩留まりの良い紙が作成出来る。

　野菜には先述のようにセルロースをはじめとする水素結合物質が多く含まれていることから100％野菜の紙を作ることができ、したがって100％野菜紙は食べることも可能である。図4は京都にある有名料亭で試作された野菜紙を用いた料理の例を示している[4]。試食の結果、抄紙手法で作られた紙は繊維質が多くなり、食感は必ずしも良いとは言えない。食感を向上させるには調理法に工夫が必要である。しかし100％野菜紙は生分解性の特徴があり、廃棄処分は容易であり料理を盛るための副資材などとしての応用が期待される。

　野菜シートは野菜を粉砕することなくカット片を重ねて積層し、圧縮乾燥させることによっても作成可能であるが[4]、この手法は前述の紙の定義と異なるために詳細説明は割愛する。

3　野菜機能紙

　野菜紙の応用範囲を拡大するには、野菜をベースとして様々な機能を付与する必要がある。例えば高強度の野菜紙が得られれば包装材料としての応用も考えられる。使用目的によっては100％野菜紙でも包装材として使用可能であるが、高強度の天然繊維を複合化させることによって野菜紙の強度向上が期待できる。図5は先述の野菜紙作成手順を示した図2において野菜（たまねぎ及び万願寺唐辛子）と竹繊維をミキサーで混合攪拌した後に抄紙した野菜/竹繊維複合紙の引張強度を示してい

る。竹繊維を20％程度含有した野菜紙（たまねぎ）の強度は、汎用樹脂であるポリプロピレンの強度に匹敵している。図6は水菜に5％の針葉樹パルプを複合化させて小型傾斜短網抄紙機（高知県立紙産業技術センター）で作成した紙を示しており、通常の工業用抄紙機で連続紙の作成も可能であることが確かめられている。さらに、図7はこの紙を用いた包装例を示している。

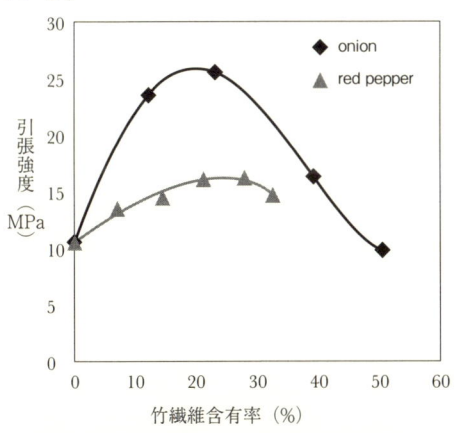

図5　竹繊維で強化した野菜紙の引張強度

図6　水菜紙の連続抄紙

図7　水菜紙による包装

4　野菜紙の今後

　野菜を素材として紙の作成が可能であるが、実用化のためには、例えば食用で用いるためには食感の向上策が必要であり、非食用途としては耐水性、耐カビ性等の対策も必要である。また、経済的に成立する商品開発には付加価値のある紙の創造が必要不可欠である。そのためには野菜や植物のもつ特有の機能を発現させる機能紙開発が重要である。機能としては、他の植物や海藻類などとの組み合わせにより、例えば、消臭

効果、防カビ効果、忌避効果、香りによる癒し効果、撥水効果などの発現が期待される。また、野菜紙から紙糸を作成すれば織物としての応用も可能となり、野菜紙を用いた種々のインテリア製品、ひいては野菜紙の服の開発も夢ではなさそうである。

1) 白鳥早奈英、板木利隆『もっとからだにおいしい野菜の便利帳』高橋書店、2011年。
2) 田村咲江『野菜をミクロの眼で見る』建帛社、2012年。
3) 琴雅燊、木村照夫「廃棄野菜を用いたグリーンコンポジットの圧縮成形」『成形加工'12』2012年、63頁。
4) 田村有香他『京野菜の紙〜京料理篇〜』京野菜の有効利用に関する研究会、2011年。

第3部-4

「紙の文化学」から考える紙の本質と未来

尾鍋 史彦

はじめに

　紙は粘土板、石板、甲骨、パピルス、羊皮紙など、幾多の書写材料を淘汰し、世界に拡がり普遍化し、現在に至っているメディアである。では普遍的なメディアである紙が創り出す紙の文化も同じく普遍的なのだろうか。文化は人間が技術的または精神的に創り出した所産であることを考えると、人間、すなわちホモサピエンスというレベルでは普遍的であるが、人間が存在する地球上の地理的な位置に依存した特殊性がある。本論文では地球上で人間が普遍的に接する紙による文化の普遍性と特殊性という問題を、筆者が提案した「紙の文化学」から考えてみたい。さらに、人間との高い親和性という紙がもつ本質的な優位性および紙を代替可能な特性をもつ材料やメディアが現れた場合の紙の未来について、考えてみたい。

1　「紙の文化学」の提案

　日本・紙アカデミーが存在するわが国には和紙と洋紙が併存し、紙に関わる学問分野は多岐にわたり、多彩な研究が展開してきた。しかし科学・技術、文化、歴史、芸術などの諸分野で独立して研究が行われてきたために、ダイナミックで複雑な現実の社会で生じる紙に関わる環境問題、使用における倫理的問題、新たなメディアの誕生に伴う紙メディアの将来への不透明感など、さまざまな問題には適切な対応ができていない場合が多い。

　一般に「文化学（Culturology）」が自然科学から生まれた技術体系、

人間の精神活動の所産としての知識体系、および人間の感性が生み出す芸術を表すものとすると、「紙の文化学（Paper culturology）」とは"紙に関する自然科学、人文科学、社会科学、芸術などを包含し、伝統的な和紙から紙に関わる現代および未来の諸問題までを包括的に扱う時空を超えた学際的な学問体系"と定義できる。この体系はグローバルな視点から包括的に紙を考察し、紙に関わる諸問題を解決するための学問の方法論であり、従来の個別の学問とは異なった文理融合型の学問体系で、筆者が放送大学テレビ特別講義「紙の文化学」（2005年）で提案した概念である〔図1〕。

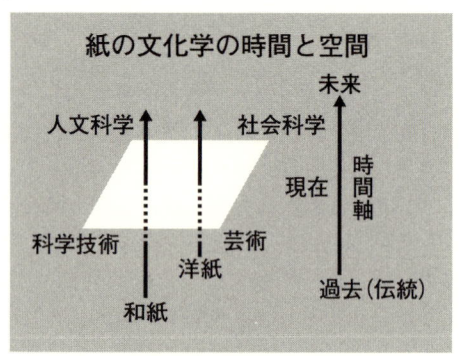

図1　「紙の文化学」の時間と空間
　　（放送大学テレビ特別講義「紙の文化学」2005年）

2　「紙の力」の本質と紙文化の「普遍性」

　天然高分子であるセルロースを主成分とする紙が普遍化した理由は、紙の主要な原材料である木材の生産の元となる森林が世界各地に存在し、資源として植林およびリサイクルによる再生産が可能なために安価であり、材料としては、軽量なシート状で扱い易かったためだろう。しかしそれ以上に重要なのは、人類の文明や文化の発達の基礎にある「人間の知」との関わりにおいて人間との高い親和性、すなわち人間の感覚・知覚・認知などの特性との高い親和性という認知科学的に優位な特性を具備しているからである。

　わが国では、和紙において平安時代の料紙や江戸時代の装飾和紙に見られるように多彩で優美で、優れた機能をもつ紙の存在自身が文化を形成しているといえる。一方西欧社会における紙文化は一例としてフラン

スを見ると、20世紀の現代思想と繋げて、紙とは広く記号として文字を支える材料として捉えられている。

ちなみにフランスの構造主義の中から生み出されたメディアの思想であるメディオロジー（médiologie）によると、"紙とは書いたものを支えるもの（Papier—support de l'écriture）"であり、"紙は基本的なものの壊れやすい支持体（Papier—fragile support de l'essentiels）"という表現がある。すなわち、紙は物理的には弱いが文字を載せ書物となり、人間の意識に強く働きかけると革命を起こし、人間社会を変革させるほどの強さをもつことを「紙の力」（Pouvoirs du papier）と表現しており〔図2〕、具体的には"文字を支える力"の他、宗教における聖書、経済における紙幣への信用供与、さらに芸術の素材としての人間への訴求力を挙げており、中心には文字や言語との関わりで紙を捉えているのが、わが国との大きな違いであり、ここに普遍性の基本があるといえる。

このように考えると、「紙の力」の本質とは、人間の感覚・知覚・認知との親和性という"認知科学的"な要素と、文字を載せることで発揮される"メディオロジー的"な要素の二つに大別されるといえる〔図3〕。

Le papier—mémoire
記憶
Le papier—croyance
宗教・信頼
Le papier—pouvoir
文字を支える力
Le papier—art
芸術
文化の支持体としての紙

図2　メディオロジーが示す「紙の力」（写真は戦乱の中でも書物に惹きつけられる人々）
"*Pouvoirs du papier*"（Gallimard, Paris, 1997）より

紙の力 ┬ 感覚・知覚・認知との親和性
　　　　　（認知科学的要素）
　　　　└ 文字を載せることにより発揮される力
　　　　　（メディオロジー的要素）

図3　「紙の力」を構成する認知科学的およびメディオロジー的な要素

3　世界各地の文化差が生み出す紙文化の「特殊性」

　文化の形成には歴史的に紙と書物が大きく関わってきたが、その歴史の長さは文化圏によって大きく異なり、文化差（cultural differences）を生み出し、紙文化の特殊性の源泉となっている。

　中国文明はエジプト、メソポタミア、インダス、中国の四大文明のうち唯一現在まで持続しており、紙を発明し、長い書物文化の歴史を現在まで継承している。西欧文明はギリシア・ローマの地中海文明を基盤として発達し、紙の歴史こそ中国や日本よりも短いが、重厚な書物文化を創りあげてきた。フランスやドイツを中心とする西欧社会では、既述のように紙は文字の支持体としての役割を果たしてきたとする見方があり、紙の文化とは書物の文化である。文字を載せ冊子体（codex）にした書物は紙文化の普遍性の源泉であると同時に、その存在する地域による特殊性を発揮するといえる。

　日本では紙が610年に高句麗から伝わり2010年で1400年が経過したことになり、書物に関しても平安時代の女流文学を源流とすると、1000年以上の歴史があることになる。また、日本では和紙の文化に見られるように、文字を載せなくても紙自身を愛でるユニークな紙の文化が存在し、紙に対して格別な親和性をもつ国民という見方が可能である。

　西欧と日本の紙文化を比較すると、西欧には和紙のような類の紙は存在せず、紙自身を愛でるような形の紙文化は存在しなかった。

　いいかえると、わが国には文字を載せなくても人間を惹きつけるような素晴らしい紙が存在し、グローバルに現代の紙の世界を比較すると、わが国は西欧社会より多彩で豊かな紙文化をもっているということができる。

　他の世界では例えば、17世紀から国家の歴史が始まったアメリカ合衆国は国家の歴史自体が短く、したがって紙の歴史も書物の歴史も短い。国家としての長い歴史と共に紙や書物の歴史をもつ西欧社会や中国・日本などの東アジアの社会においては、人はその社会に内在する文化として、紙というメディアや書物という人間の知を蓄積したものに対して尊敬の念を抱く度合いが高いが、アメリカにはそのような文化は希薄と思われる〔図4〕。

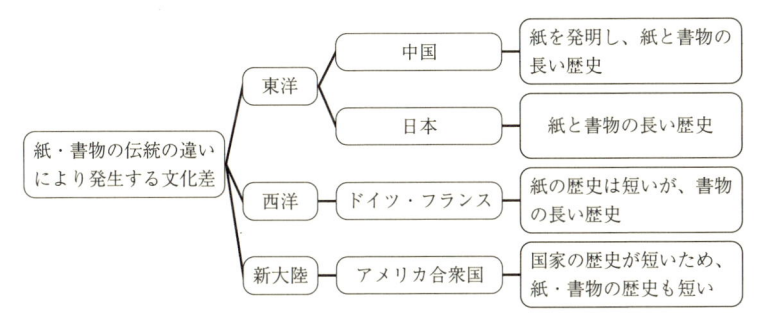

図4　紙・書物の伝統の違いにより発生する文化差

4　普遍性と特殊性から見た紙の未来

　紙の文化は現代において、メディアとしては書写材料としての普遍性をもっているが、地域の伝統・慣習・宗教・芸術などに根ざした紙の文化には特殊性がある。それでは紙の未来を考えた場合にどのようになるだろうか。例えば新たなメディアとして普遍的な紙や紙の本（書物）の代替の可能性を秘めた電子ペーパーや電子書籍が文化差の影響で、どのような道を辿るのかを考えてみよう。すなわち文化差がメディアの選択にどのような影響を与えるのかという問題である。紙や書物という物質

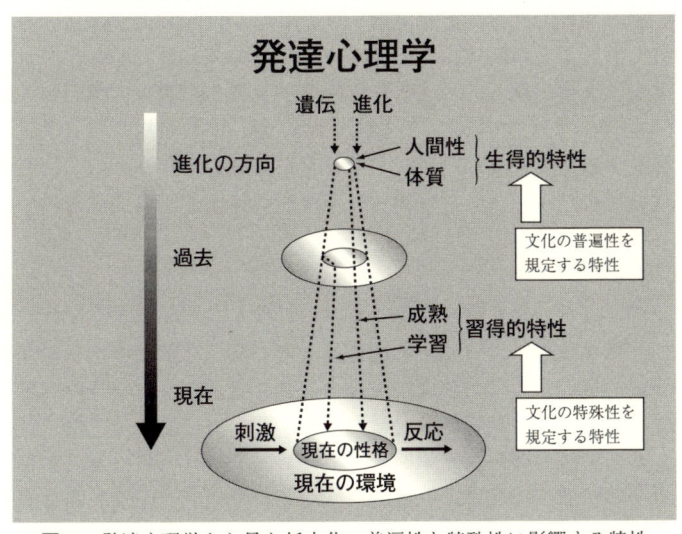

図5　発達心理学から見た紙文化の普遍性と特殊性に影響する特性

と人間との親和性が文化として生得的な普遍性として内在すると同時に、成長・学習過程において形成される習得的な特殊性も存在する〔図5〕。

発達心理学的には人間の成長過程が性格形成に影響を与えると考えると、言語および紙・書物の伝統を合わせた文化差がメディアの選択に影響すると考えられる。いいかえると、アメリカで開発された電子ペーパーや電子書籍が中国・日本などの東アジアやドイツ・フランスなどの西欧社会ではあるレベルまでは好奇心から拡がるとしても、アメリカと同じレベルまでには普及はしないと思われ、現に2010年に電子書籍関連団体が"2010年は電子書籍元年"と命名し、懸命の旗振りを行い、出版デジタル機構が産業革新機構から大型の資金援助を得て普及させようとしても、市場がそれほど拡大していないことで例証されている。

5　わが国の紙文化の正しい姿とは何か

紙文化には普遍性と同時に特殊性があり、メディアとして考えた場合には紙メディアを代替可能なメディアが出現しつつある現代において、日本の紙文化をどのように捉えるべきなのだろうか。わが国では紙文化というと和紙をイメージする人が多く、日本・紙アカデミーにおいてもこの組織が京都という伝統的な都市に所在することもあり、扱う領域の中で和紙に関連したものが相対的に多い。しかし現代社会における紙文化を広く眺めると書物の文化の他に、デザインの分野ではグラフィックデザイン、包装と関わるパッケージデザイン、本の設計に関わるエディトリアルデザインまで幅広い分野が存在する。また紙自身で三次元の空間を構成する紙造形という現代芸術の重要な分野が存在する。したがって現代の紙の状況を正しく反映した紙文化の構築が必要である。

おわりに

わが国にはその存在自身が美的鑑賞の対象となる和紙が存在してきたために、紙文化のイメージが和紙に偏っている。和紙誕生以来1400年以上の歴史的展開と現代の多彩な書物や包装、紙造形などを含めた正しい紙文化のイメージの把握が重要である。学問の方法論としては「紙の文化学」として紙に関わる諸学問を統合かつ融合させ、紙自身の本質を認知科学・脳科学・環境科学・情報科学などの先端的な学問分野によって究明する必要がある。また人間との強い親和性というメディアとしての

認知科学的な優位性を理解すれば、新たな材料やメディアが出現した場合にどの領域でその優位な地位を失い、どの領域で優位性を持続できるのかが予測可能となる。次世代の紙のポテンシャルの解明には、紙の科学も従来型のシートの材料科学的な究明方法では限界があり、認知科学を中心とする人間との関わりを視点の中心に置いた新たな究明の方法が必要とされるのが、21世紀の現代の紙研究であろう。

1) 尾鍋史彦『紙と印刷の文化録』(株)印刷学会出版部、2012年。
2) 同「紙の文化——文化の創生と継承において紙が果たしてきた役割と電子化時代の新たな展開」『画像電子学会誌』第40巻第6号、2011年、943〜948頁。
3) 同「現代社会に必要な「紙の文化学」」『百万塔』(創立60周年記念特集号) 第135号、公益財団法人紙の博物館、2010年、29〜33頁。
4) 同「人はなぜ紙に魅かれるのか——「紙の力」からみた未来」『紙パ技協誌』12月号、2010年、2〜7頁。
5) 同連載「認知・印刷・紙の諸科学からみた紙メディアの新たな可能性」『紙パルプ技術タイムス』2010年5月号〜2013年2月号（第34回）。
6) 尾鍋史彦総編集『紙の文化事典』「おわりに——「紙の文化学の提案」」、朝倉書店、2006年。
7) 尾鍋史彦、放送大学テレビ特別講義「紙の文化学」2005〜2011年放映。

第3部-4

紙の明日
―リアルペーパーと電子ペーパー

中西秀彦

1　電子新聞と電子メール

　私の朝の日課は、新聞を読むことから始まる。すこし前までは、私より早起きした家内がベッドまで朝刊を運んでくれて、それを寝床で読みながら徐々に目覚めるというのが、長年の習慣だった。それがここ1・2年、タブレットPCで電子新聞を読むように自然に変わってきた。タブレットPCや電子書籍がきわめて安価にしかも薄く軽くなり、情報を読むのに不自由がなくなったからだ。以前のノートパソコンでは、キーボードが邪魔になって読むためだけの用途には不便だったし、とにかく重く、厚く、とてもベッドで読めるような代物ではなかったのだから大変な進化である。

　ベッド上のタブレットPCは紙の新聞に比べて他にも利点が多い。なにより、それはパソコンそのものであるということだ。インターネットにつなげれば、新聞だけでなくありとあらゆる情報がやってくる。まずはFacebookやTwitterのようなSNSが使える。前の晩にFacebookに投稿した記事の「いいね」を朝一番に確認するのが楽しみだったりする。

　情報の媒体としての紙の地位低下が叫ばれてふさわしい。もともと情報伝達媒体としては蔡倫以来、2000年の伝統のある紙は、ラジオやテレビといった情報伝達媒体の進化とともにその地位が低下してきた。しかし、ラジオは音声、テレビは動画という今まで紙では伝えようのない情報を伝える媒体として登場し、文字あるいは静止画の世界では、20世紀の終わり頃までは紙が圧倒的な強みをもっていた。それが急速に変わりつつある。

2　液晶ディスプレイ

　こうした電子的な情報の表示媒体として圧倒的なシェアを誇っているのが、液晶ディスプレイだ。電子表示媒体は初期にはテレビで使われたブラウン管式が一般的だったが、現在テレビもほとんどが液晶にかわり、パソコンやタブレットPCの表示も液晶が標準的な地位にある。液晶は各社の技術開発が進み、薄く軽く、表示もカラーで鮮明になっている。冒頭に述べたような日常的な電子書籍の媒体としても一般的である。

　しかし、紙のディスプレイに比べて欠点も多い。まずは電気が必要な点だ。紙の本の場合は電気を必要とせず、太陽の光さえあれば読めるが、液晶の場合は電気が必要となる。これは液晶デバイスが、バックライトという光を電気的に供給し、それを液晶で遮ることで画像を得ているからである。もうひとつこのバックライトから光を送り出すために、発光体を直接見つめることになり、目への負担が大きい。本の場合は、紙の媒体に反射した光を眺めているので、液晶のように発光体が直接目につきささるような感覚はない。

　今、液晶ディスプレイに変わって、新たな表示デバイスとして注目されているのが、有機ELディスプレイである。液晶がバックライトを必要とするため、どうしても厚みが必要で電気の消費量も多いのに比べて、デバイスそのものが光る有機ELは薄く、また消費電力も小さい。現在、スマートフォンのような小さい画面のものが実用化されている。が、有機ELは有望であるとしてもやはりそれ自体が発光体であるための目への負担、少ないとは言っても電気が必要であることにおいては変わりない。

3　電子ペーパー

　表示媒体として完全に紙にとってかわろうとすれば、まず電気が不要か、消費量がきわめて少なくなければならないし、表示機器自身が発光するのではなく紙の表面のように反射で情報を表示させなければならない。つまり紙のように、表面自身が変化して図像を表示させるものでなければならない。さらに薄く、折り曲げられるようなものである必要がある。これらの特徴を持つのが電子ペーパーと言われる媒体であって、いまのところ、上の条件を完全に満たした物は作られていない。ただ、この条件をいくつか満たしたデバイスは商品化されている。

2007年にアメリカで発売され、わずか数年で紙の販売数よりも多くの本を電子で売るようになったAmazonのKindleは、E-inkという表示方法を採用している〔図1〕。これは電子ペーパーとしては初期のものとなるが、その特徴である低消費電力と薄さは衝撃的だった。E-ink方式の

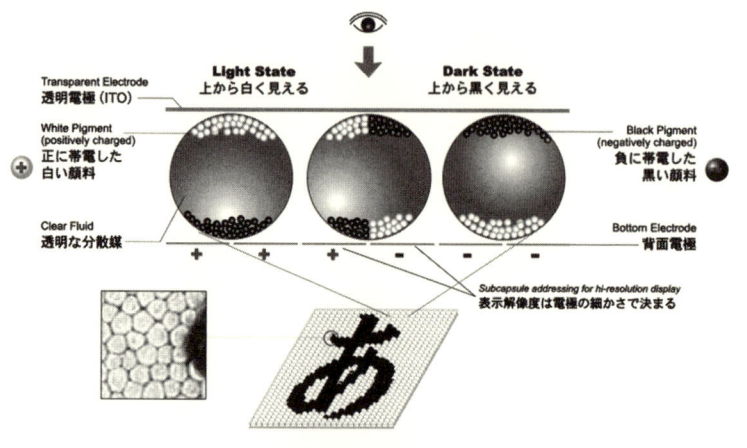

図1　E-ink方式の電子ペーパー（凸版印刷株式会社提供）

図2　Amazon Kindle

電子書籍はSONYのLibrieが最初だったが、商品的に成功せず、Amazon Kindle〔図2〕が一般に電子ペーパーを広めた立役者とされる。

　E-ink方式の電子ペーパーの原理は図1にあげた通りである。小さなカプセルの中に、プラスに帯電した黒の粒子とマイナスに帯電した白の粒子をとじこめる。ここに下からプラスの電気をあたえると、マイナスに帯電した白の粒子がひきつけられて下に、プラスに帯電した黒の粒子が上に来る。これで外から見ると、黒の点が見えることになり、これが集まれば線なり、文字なりが表示されることになる。E-ink方式では表示パネルそれ自体はまったく光らず、黒の粒子が見えているだけだ。まさに紙の上に表示されているのと同じように反射光で文字が読め、目への負担が少ない。またこの方式だと、電気が必要なのは画像を書き換えるときだけで、表示しているときは電気が必要ない。そのため、Amazon Kindleはバッテリーの持続時間が驚異的に長かった。

　ただ、E-ink方式ではカラー表示ができないのと、バッテリーの性能が向上したため、その後の電子書籍商品はまたカラー液晶中心に戻っている。とはいっても、カラー電子ペーパーは各社が開発を続けており、電気がほとんど必要なく、薄く、折り曲げられるデバイスが商品化されるのは遠い将来ではない。

4　リアルとバーチャル

　電子ペーパーが実用化されてくると、それは電子書籍的な使用にとどまらないと考えられる。現在でもデジタルサイネージとしてポスターとしての使用法が実用化されているし、今後は壁や天井一面を電子ペーパーで覆い、その日の気分によって模様を換える電子壁紙といった用途も開発されるだろう。さらには電子ペーパー壁紙なら、壁全面がディスプレイとなるため、自由な位置でそれはテレビになったり、書籍になったりもする。普段は壁がテレビの替わりだが、寝るときは天井がテレビの替わりになったりするというわけだ。もちろん、それで本が読めたり、窓として世界中の好きな景色を映したりということもできることになる。

　だが、こうした電子的なデバイスはどこまでいっても、実際の物体を模倣した物にすぎない。たとえば壁紙を電子ペーパーが模倣したとしても、その質感までは再現することができないし、実際の壁紙が存在してこそ模倣する意味があるのであって、電子ペーパーのみの世界はあくま

でバーチャル（仮想）なものであって実体はない。

　今、テレビゲームなどでは実際の恋愛を模倣したり、冒険旅行を模倣したりするというものがあり、実際その中にのめり込んでいる人も少なくない。それはあくまで模倣であって、実際の体験に勝るものではありえない。そしてテレビゲームは結局バーチャルな世界を再構築しているのではなく、現実世界を模倣しているだけなのだ。リアルであってこそのバーチャルなのであって、人間は実際に肉体をもってそこに存在している以上、バーチャルだけでは生きていくことはできない。食事をし、排泄し、運動する必要がある。その意味で人間が肉体をもった存在である以上、実際の物質世界での活動は必要なのだ。

　従って、今後の紙の存在価値はリアルな物質としての意味がより強くなるだろう。単に無味乾燥な情報を届けるだけなら電子ペーパーだけで充分だが、そこにリアルな体験を込めるというなら物質としての紙が重要な役割をはたすことになる。逆に言うと、機械や薬品により大量生産される無味乾燥な紙は存在価値を急速になくすだろう。手造り和紙のような紙の物質としての温かみが、より重視されるということだ。

第3部-4

アメリカにおける和紙
―昨日・今日・明日

片山寛美

　約25年前、私は当時和紙を使うアーティスト、そして故・古田行三氏の元で和紙造りを学んだ者としてHiromi Paper International（HPI）を始めた。開業以来、Hiromi Paper Internationalはアートと修復をターゲットとした和紙を専門に扱い、和紙そのものの販売促進と発展に努めて来た。

1　修復用紙

　1980年代前半に出会ったフィラデルフィア美術館の上級修復師をしていた友人の助けがあり、私はアメリカにおける修復の世界に導かれた。彼女自身も奨学金を得て自ら日本に足を運び、和紙の研究に及んでいて、彼女から修復師が必要とする和紙のデータ（重さ、原料配分、乾燥方法等）を依頼されたのがきっかけで修復用の紙を扱うことになった。故・古田氏作の異なる厚さの4種類の紙からはじめ、私たちのコレクションが作られ、それ以来HPIはアメリカの修復界のニーズに合わせ30種類以上の修復用の紙（枚単位・ロール）を加えてきた。

　さらに世界中の修復家たちとも情報交換を続け関係を築き、海外のマーケットに進出することもでき、数々のレクチャー、デモンストレーション、ワークショップや日本への和紙ツアーを経て和紙の正しい知識・情報も発信してきた。代々受け継がれる伝統的な紙漉きの手法、紙漉き職人を時代の流れから庇護しつつ紙の質を保つのは容易なことではないが、世界の修復という業界へ羽を広げられたお陰で、この日本の伝統工芸を守り生かすことができていると感じている。この25年間私たち

はアメリカ国内の美術館、図書館の修復部門、そして個人の修復家たちと直接的な関係を築き上げ、和紙の価値と良さを充分把握している彼らと共に助け合いながら働くことに、今は醍醐味を感じている。

2　アート用紙

　アーティストとしての背景とアメリカのアート業界でのコネクションを用いて、私はまず国内のプリントショップ（Crown Point Press, Tyler Graphics, Gemini G.E.L., ULAE等）を数々当たってみた。これらのスタジオ等は莫大な量の紙を使うので、まず厚手の礬水入り和紙を何点か作るところから始め、それと同時に油性インクを使う西洋版画用の和紙を新しく創るべく、コラボレーションも試みた。このような試行錯誤から私たちの最も代表的な作品と言っても過言ではないKozo Thick paper 500g 2m×2mが開発され、この紙は1992年には4m×3m、2007年には5m×2.5mのサイズの特注に及んでいて、今でも多くのアーティストに愛され使用されている。インクジェット用の和紙の作成など、一見不可能で無謀だとわかっていながらも突き進む大胆さがあってこそのHiromi Paperであり、これからも自分たちを駆り立て和紙界を進化させていきたい。

3　アメリカ市場

　アメリカ国内では未だに一般的なアート・サプライ（小売店・卸売りともに）の市場において和紙の取り扱いが非常に限られており、それが和紙の一般化の大きな壁となっている。起業以来、Hiromi Paperは"washi"という名称を使い続けているが、国内ではまだ"rice paper"という和紙を指す呼び名が流通している。また、アメリカ国内の画材店に置かれている所謂和紙というのは、低価格で多くは100％パルプで出来ているような紙を指すことが多い。このような状況では高品質の和紙を海外で流通させるのはとても難しく、正しい和紙の知識を普及させることも厳しくなってしまう。25年前に見られたこの傾向が、現在でも未だにアメリカにおける和紙のマーケットの妨げとなっている。

4　和紙の明日

　正確で更新された情報知識を欧米に発信し続け、紙漉き側と使い手側

図1　Hiromi Paper和紙ツアー
　　　長谷川和紙工房(2004)

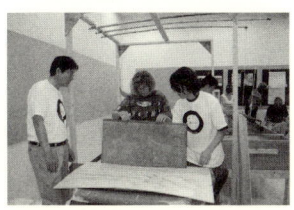

図2　国際交流基金主催、和紙ツアー(協賛Hiromi Paper)
　　　浜田兄弟デモンストレーション
　　　ボイジー、アイダホ(2006)

図3　Hiromi Paper和紙ツアー
　　　高知、工芸村(2006)

図4　同上
　　　越前、岩野一平衛工房

との交流やコラボレーションを積極的に行うことが、欧米での和紙の地位とマーケットを確保するために必要な二点だと感じる。私が1986年カリフォルニア州立大学サンタバーバラ校で絵と紙漉きの講師をしていた頃、和紙の情報も少なく、供給されている紙の種類もごくわずかだったことを思い出す。和紙造りに関する正しい知識を持っている人も稀で、その情報も間違っていることが多々あったが、30年近く経った今でもその状況は存在している。

このように植え付けられた古くて誤った情報を改善するためには、職人さん達本人に直接会う機会を作り、和紙がどのような段階を経て出来上がるのかを目の当たりにしてもらうことが一番であろう。触れ合う機会を作ることで紙漉き側も自分たちの紙がどのように使われているのかなど、和紙の無限な可能性を感じることができ、モチベーション向上にもつながる。双方が和紙の現状を認識することで和紙への関心を保ち、価値を下げる者に影響されることなく上質な紙を造り、提供し続けることができるのではないか。伝統を絶やすことなく和紙の魅力を生かし続けるためには、質を決して見過ごしてはならない。

Hiromi Paperの25年という年月の間だけでも様々な出来事が起こった。古田氏が他界し、時代の流れで日本国内の紙漉き職人・工房の多くが事業を辞めざるを得ない状況に陥り、かつて在った上質な和紙が徐々に減っていってしまった。今でも徐々に紙漉き場の数が減って行っているのが厳

しい現実である。

　これからのHiromi Paperは日本の和紙界と海外の需要への橋渡しを努めてきた伝統を生かし、和紙の質へのこだわりをとことん追求し続け、海外における和紙の情報源となりたいと構想している。和紙が世界各地に進出をしている今だからこそ、本物の和紙と漉き手へのアクセスが難しいのは問題だろう。私たちはファインアートと修復を専門とすることでマーケットを広げ、広範囲の方々と和紙を通して出会うことが出来た。これからの課題としてはお客様の要望にできるだけ答えられるようにカスタムメードの和紙を注文しやすくし、新しい和紙の形（原料、手法）を生み出していかなければならない。容易いことではないが、過去の例を見ると大胆な革命があってこそ開かれたアート用の紙の道も多いのがわかる。メーカーだけではなく、日本国内の流通がよりオープンになり、和紙界の封建的な考えからは脱却しどんどん外へと発信していかないと、欧米で求められている和紙の要望に答えることができないのではないだろうか。

　Hiromi Paperらしさである100種類を超える手漉き・機械漉き和紙コレクションと長年築き上げて来た多くの人間関係を基盤にし、これからもお客様のニーズに柔軟に合わせていきたい。ゆっくりではあるが着実にアメリカにおける和紙の地位は確立され、和紙の唯一無二な魅力の理解が広がり続けている今、決して諦めず歩み続けたいと願っている。

図8①　Hiromi Paperショップ　サンタモニカ、カリフォルニア

図8②

図9　スタッフ一同、ショップにて（2013）

第3部-4

固有の潜在力を有する「製紙産業」とその将来

辻本 直彦

はじめに

　製紙産業の明日を展望する時、他の製造業と比較して、製紙産業が本来持っている「ポテンシャル(潜在力)」に着目することによって、製紙産業は永遠に持続する産業であると表現することが出来る。以下に、まず、製紙産業の固有の三つの「ポテンシャル」すなわち、紙は地球環境に善であるということ、製紙産業が我国で群を抜いて最大のバイオマスエネルギー産出者であること、紙は超長期情報保存媒体であることについて記した後、諸外国と比較した我国製紙産業の特徴が際立っている点を4項目ほど説明し、将来を展望したい。

1　製紙産業の三大ポテンシャル

(1) 紙は、地球環境にとって「善」である

　「バイオエタノール」が地球環境にとって「善」であるのなら、全く同じ理由から「紙」も「善」である。

　理解しやすい表現をすると、紙の原料は、実は、二酸化炭素と水である。ご存知の通り、光合成（炭酸同化作用）によって、木は、大気中の二酸化炭素と地中の水から太陽のエネルギーの助けで、澱粉を作り、これが製紙原料の木材繊維へと生合成される。例えば、針葉樹（アカマツ）材の$1cm^3$（サイコロの大きさ）は、約40万本もの生合成された繊維から構成されている。製紙産業は、木が生合成したこれらの繊維を、木から取り出し（蒸解）、漂白して、原料を得て、この原料を用いて、紙を抄いているだけであるとも言うことが出来る。

抄紙された紙は市場で使われ、古紙として回収されるか、ゴミとして燃やされる。燃焼の段階は、紙の用途として最終である。そうして、紙は燃やされると元の原料の二酸化炭素と水に戻ることとなる。植林をしておけば、この二酸化炭素で、また木を育てることが出来る。
　従って、木を原料として製造された紙を燃やし、発生した二酸化炭素は、その量だけ、元の木の大きさに成長するまで取り込み続けられる。紙のような木材由来の製品を燃やしても、大気中にあるその分量の二酸化炭素は植林さえすれば、増加することはない。このことを「カーボンニュートラル」(炭素が増減しない)と言う。このメカニズムすなわち大気中の二酸化炭素を原料として植物が育つ(光合成)のは、トウモロコシやサトウキビも同じで、これらを原料として製造される「バイオエタノール」も、燃やした分量と同じ換算数量の種を植えれば、カーボンニュートラルとなる。このことにより「バイオエタノール」は地球環境に「善」とされているのである。「紙」も同じである。

(2) 製紙産業は、我国最大のバイオマスエネルギー産出者である

　我国の製紙産業は、それぞれの工場で製造しているバイオマスエネルギーを使用して自家発電を行っているが、バイオマスエネルギーで自家発電を行っている我国の全製紙工場を合計すると、その発電量は、驚くべきことに、原子力発電の4〜5基分に相当している。
　製紙工場で製造されているバイオマスエネルギーとは、大正末期に導入された「クラフトパルプ化法」という化学パルプ(現在、クラフトパルプは、我国のパルプ生産量の9割を占める)を製造する際の副生産物である「黒液(リグニン分)」がこれに当たる。このバイオマスエネルギーも、上述の「紙」バイオエタノールと同様の「カーボンニュートラル」メカニズムで、地球に「善」な存在である。
　このように、製紙産業は、最大のバイオマスエネルギーの生産者であり、かつ、最大の消費者でもあって、現在、我国の全バイオマスエネルギーのおおよそ80％を生産および消費している。2位のセメント産業では、建築廃材を使用しているが、5％の消費に留まっており、製紙産業は断然トップのバイオマスエネルギー利用者である。
　さらに、製紙工場で、バイオマスエネルギーを増やすべく、どのような努力が行われているかを見てみよう。図1は、我国の全製紙工場で使

用されている全エネルギーの内訳である。左の1990年度の「再生可能エネルギー」の34.8％が、2010年度には42.1％にアップさせており、逆に、化石エネルギー（一方的に大気中の二酸化炭素濃度を高めるもの）の64.9％は、49.8％に低下させている。さらにまた我国の製紙業界は、「再生可能エネルギー」、すなわちバイオマスエネルギーの比率アップに、日々取り組んでいる。

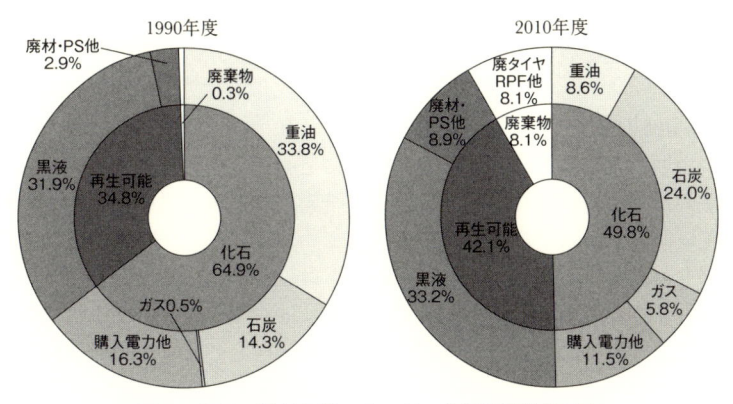

図1　我国の製紙産業エネルギー分類別原単位比率

(3) 紙は超長期情報保存媒体である

　紙が電子媒体に取って代わられるという話が昨今賑やかである。良く知られているように、例えば、正倉院の紙は1200年以上保存されており、今もなおその書写された情報を読みとることが出来、当時描かれた絵図を鑑賞することも可能である。酸性紙問題が一時騒がれたが、今はほとんどの出版物が中性紙を使用しており、100年以上の保存が可能となった。

　一方の電子媒体はどうであろうか。情報の保存という観点からは、電子媒体そのものが進化・変化し続けるので、その都度、再記憶作業を繰り返さなければならない。1000年以上保存するためには、一体何回記憶作業を繰り返し、そのために何人の人が係わることになり、費用はどの位になるのだろうか。気が遠くなる作業と言わざるを得ない。電子媒体の得意分野はあり得る（情報通信の即時性など）と思われるが、かといって、紙が廃れることはない。繰り返しになるが、紙は地球環境に合

致しており、この地球上で人類が営み続ける限り、紙の存在は色褪せることはないだろう。

以上、我国の製紙産業の持つ実績も踏まえた「ポテンシャル」を見てきた。

2 我国の製紙産業が際立っている点

ここで、諸外国の製紙産業との比較において、我国の製紙産業が際立っている点を概覧したい。

(1) 製紙原料構成

やや旧聞となるが、我国の製紙産業にとって、正しておかなければならない話がある。それは、元米国副大統領のアル・ゴア氏が、2006年の米国映画「不都合な真実」の中で述べている「製紙は、森林に破壊的な影響を与えている産業の一つであることは、言うまでもないが……」という件である。どうも、米国の製紙産業には、やや当てはまるところがあるようであるが、我国においては、全く違うことを、原料構成面から説明したい。

我国の製紙原料の割合（2011年度実績）を見てみると、まず古紙が最も多く63％、続いて人工林（製紙用原料として植林されたもの）21％、国内の残材・低質材7％、海外からの残材・低質材4％、そしてパルプとして輸入される原料が5％である〔図2〕。

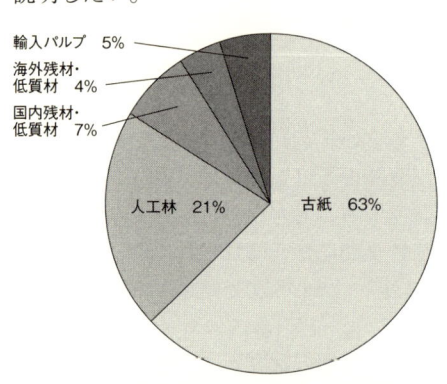

図2 我国の製紙原料構成比（2011年度）

このように我国の古紙の利用率は60％以上であり、一方、欧州は約50％、米国は約40％に留まっている。米国の場合、我国より20％低い分、木材でカバーしなければならず、やや無理が生じているように思われる。

次の製紙用材として植林された人工林であるが、これらは、ブラジル

や東南アジアで、我国の製紙企業が植林し、成木になると伐採し、その跡地にまた植林するというサイクルを約8年単位で繰り返しているもので、この繰り返し作業を続ける限り、永遠に木を収穫することが出来る。その次の残材・低質材というのは、木材を建築材用に角材を取った後、背板をチップにしたもの（製紙会社がこれに着目する以前は、燃やされていた）や、建築材に不適な曲がった木のことで、それらの用途として製紙産業が引き受けているものである。

　以上のように、我国の製紙産業は、天然林を破壊する必要はなく、アル・ゴアの言う「森林に破壊的影響を与えて……」は、当てはまらない。

(2) 植林の努力

　我国が海外植林した面積を、1990年から2010年度までまとめたのが表1である。1990年度に比較して、2010年度末で、41.6万ヘクタール増えており、この面積は東京都23区約6個分にあたり、宮城県や愛媛県の森林面積に相当する。植林地域は、ブラジル・オーストラリア・チリ・ニュージーランド・ベトナム・南アフリカ・中国・ラオスの8か国、34プロジェクトに及び、製紙連合会で目標値を定め、植林活動を継続中である。

表1　我国の植林面積の推移

単位：(万ha)

	1990年度	2000年度	2001年度	2002年度	2003年度	2004年度	2005年度	2006年度
国内	14.6	12.8	12.5	12.1	13.9	15.1	15.0	15.0
海外	12.9	27.8	30.1	34.2	35.3	35.5	38.7	45.5
合計	27.5	40.6	42.6	46.3	49.2	50.6	53.7	60.5
対目標(%)	39	58	61	66	70	72	77	86

	2007年度	2008年度	2009年度	2010年度	2012年度
国内	15.0	14.9	14.8	14.8	目標
海外	45.8	49.8	50.4	54.8	
合計	60.8	64.7	65.2	69.1	70.0
対目標(%)	87	92	93	99	

注）2003年度以降の国内は関連会社分を含む

(3) 省エネ努力

　表2に各主要国の紙・板紙製造におけるエネルギー使用量（原単位表示：製品1トンを製造するのに要するエネルギー量、2007年度）を比較することにより、長年積み重ねられて来た我国の省エネ努力を見てみた

い。

　我国を100とすると、米国194、フランス145、ドイツ116などであり、日本が第1位である。米国は、日本のほぼ倍でエネルギーを倍無駄使いしていることになる。

表2　製紙産業のエネルギー原単位の国際比較

	日本	米国	フィンランド	ノルウェー	フランス	ドイツ	ブラジル	チリ
化石エネルギー原単位（GJ/T）	8.9	17.3	10.2	13.7	12.9	10.3	13.8	21.9
指数（日本＝100）	100	194	115	154	145	116	155	246

(4) 品質の優秀さ

　よく提起される例として、新聞用紙の品質がある。ユーザーである新聞社で、印刷中に紙切れを起こす確率は、諸外国に比べ、一桁少ない実績を誇っている。例えば、米国での新聞印刷時、100本に数回（例えば3回）の紙切れが標準的と言われてきたが、我国では、1000本に1回以下である。新聞社は紙切れが起こると、紙を繋ぐ時間が必要となり、その分新聞発行時刻やその他コストにも影響するのである。

　以上4点の特徴は、我国が資源小国、且つエネルギー小国であること、品質競争の激しい国であることから、諸外国に対して、必然的に優れた結果を得ているものである。

3　我国製紙産業の将来

　他国との競争については、省エネルギーの技術開発で、世界の先頭を走っていることに見られるように、政府の政策が間違わない限り、様々な技術開発・商品開発は他国に負けることはない。

　10年、20年単位で眺めるのではなく、50年、100年で見た時、今まで述べてきた固有の「ポテンシャル」、すなわち、地球循環型産業として、製紙産業は大変に稀な特徴を備えていることから、安泰とまでは言えなくても本質的に将来とも持続可能な産業であると言える。

執筆者一覧
（収録順）

田村　正（たむら・ただし）
1954年新潟県村上市生。紙漉き師。伝統的な手打ち板干しの古法を継承。手を添えて伝える紙漉き教室開催。2013年春150か所15000人を超えた（海外は9か国25か所にて実施）。野村英司監督・ドキュメンタリー映画「和紙の音色」主演。

伊部京子（いべ・きょうこ）
1941年愛知県名古屋市生。京都工芸繊維大学工芸科学研究科　未利用資源有効活用センター特任教授。世界26か国で作品発表・教授・講演・ワークショップ・舞台芸術制作等を実施。国内外の受賞多数。平成22年度文化庁文化交流使。主な編著書に『現代の紙造形』（2001年、至文堂）、『紙の文化辞典』（共著、2006年、朝倉書店）など。

辻本直彦（つじもと・なおひこ）
1947年京都市生。公益財団法人　紙の博物館学芸部長。主な業績に紙の博物館企画展『手漉き和紙の今』（皇后陛下御行啓につき展示御説明、2009年11月11日）、主要論文等に「紙の保存と湿度」（『百万塔』第136号、2010年）、「関義城とその業績」（『百万塔』第143号、2012年）、「デジタル全盛の時代に「紙の魅力」を改めて学ぶ」（特集　今、読むべき本、『日経ビジネスアソシエ』2010年5月）など。

鈴木佳子（すずき・よしこ）
1936年大阪市生。京都市立芸術大学名誉教授。専門はビジュアルデザイン・印刷と紙・ガラス作品・デザイン史（近世）。主な業績に富山医科薬科大学病院エントランス壁画製作、角川書店入り口ステンドグラスなど多数製作、大学の広報・京都市の印刷物製作、学会誌の編集など。

稲葉政満（いなば・まさみつ）
1953年東京都生。東京芸術大学大学院美術研究科教授。和紙文化研究会会長。専門は保存科学、製紙科学、特に紙の保存性に関する研究。図書館や文書館の紙資料保存問題や和紙の技術発展史にも興味を持っている。主要著書に『図書館・文書館における環境管理』（日本図書館協会、2001年）、『保存科学入門』（共著、角川書店、2002年）、『博物館資料保存論』（共著、講談社、2012年）など。

増田勝彦（ますだ・かつひこ）
東京都生。昭和女子大学光葉博物館顧問。専門分野は、文化財保存、特に紙資料を中心とする文化財の保存修復、紙の技術史。最近のおもな発表に「日本における製紙術変遷に関する私論」「料紙加飾技法―打雲技法の変遷―」「微少点接着法の実際―ドットスタンプとペーストパッド」、おもな論文に「正倉院文書料紙調査所見と現行の紙漉き技術との比較」（『正倉院紀要』第32号、宮内庁正倉院事務所、2010年）など。

長谷川聡（はせがわ・さとし）
1964年山形県生。長谷川和紙工房代表。伝統的な工法による手すき和紙の製造に従事。主な用途は文化財修復用や日本画用材料など。

宇佐美直治（うさみ・なおはる）
1963年京都市生。株式会社宇佐美修徳堂代表取締役。京表具および文化財修復に携わる「京

表具」伝統工芸士。NPO書物の歴史と保存修復に関する研究会理事等をつとめる。おもな著書に『日本画の伝統と継承』―素材・模写・修復―（共著、東京藝術大学大学院文化財保存学日本画研究室、東京美術、2002年）、『紙の文化辞典』（共著、朝倉書店、2006年）など。

坂本　勇（さかもと・いさむ）
1948年兵庫県生。ペーパー・コンサベータ。樹皮紙研究者。元JICAアチェ津波災害プロジェクト専門家。学生時代に大阪万博国連館でのアルバイトやネパール滞在等を経て、アジアの紙に関心を抱く。主な樹皮紙を扱った論文に「樹皮紙（Beaten Bark Paper）の埋もれた歴史」（『百万塔』第130号、2008年）、「神と人をつなぐ樹皮紙」（『百万塔』第134号、2009年）、「新石器時代に世界へ伝播した樹皮布／樹皮紙」（『民族藝術』第27号、2011年）など。

福島久幸（ふくしま・ひさゆき）
1922年高知県生。特定非営利活動法人金泥書フォーラム理事。金泥書法研究家。専門は歯科医師。おもな編著書に『図録　紙と古典と金泥書』（清松アート、1996年）、『金泥書法の基礎的研究一〜三』（私家版、2000〜02年）、『天平金泥経典の謎・金泥書料紙帳付』（NPO法人金泥書フォーラム、2008年）、『紙の文化事典』（共著、朝倉書店、2006年）など。

並木誠士（なみき・せいし）
1955年東京都生。京都工芸繊維大学大学院工芸科学研究科教授。同大学美術工芸資料館長。おもな編著書に『京都　伝統工芸の近代』（共編著、思文閣出版、2012年）、『絵画の変―日本美術の絢爛たる開花』（中央公論新社、2009年）、『美術館の可能性』（共著、学芸出版社、2006年）、『中世日本の物語と絵画』（共著、放送大学教育振興会、2004年）など。

小山欽也（こやま・きんや）
1946年茨城県生。女子美術大学名誉教授。主な個展・グループ展にサンフランシスコ和紙工芸展（アメリカ、1993年）、テキスタイルワーク展（札幌芸術の森、1996年）、和紙アート展（仙台、1997年）、PAPER SPACE展（銀座女子美、2010年）、日本現代ファイバーアート展（日本・アメリカ・フィンランド、2011〜13年）、個展（松屋銀座1999年／ワコール銀座2000年・2006年）など。

五十嵐義郎（いがらし・よしろう）
1972年山形県鶴岡市生。株式会社 NATURAL design 空間デザイナー、美濃紙の芸術村アートディレクター。おもな業績に"Meander"（美濃和紙の里会館、2008年）、明かりアート展、明かりアート賞受賞（2008年）、"足助街並みさんぽ（足助資料館、愛知、2009年）、"Washi 5"（Lone Star College Kingwood, Texas, USA, 2009年）など。

須田　茂（すだ・しげる）
1953年岐阜県生。美濃市議会事務局次長。2013年3月まで美濃市文化会館長。

Joe Earle（ジョー・アール）
1952年ロンドン生。ボナムス（Bonhams）競売会社ロンドン本社特別顧問。ヴィクトリア・アンド・アルバート博物館（Victoria and Albert Museum）極東部長、ボストン美術館アジア部長、ニューヨークのジャパン・ソサエティ・ギャラリー（Japan Society Gallery）館長を歴任。おもな編著書に*Japan Style*（V&A 博物館、1980）, *Japanese Art and Design*（V&A 博物館、1986）、*Masterpieces by Shibata Zeshin*（希望財団、1996）, *Netsuke: Fantasy and Reality in Japanese Miniature Sculpture*（ボストン美術館、2001）, *Contemporary Clay: Japanese Ceramics for the New Century*（ボストン美術館、2005）, *New Bamboo: Contemporary Japanese Masters*（ジャパン・ソサエティ、2008）, *Fiber Futures: Japan's Textile Pioneers*（ジャパン・ソサエティ、2011）など。

中野 仁人(なかの・よしと)
1964年京都府生。京都工芸繊維大学大学院工芸科学研究科准教授。博士(学術)。専門はグラフィックデザイン。伝統工芸における新しいデザインの可能性について追求している。京都新聞『工芸の四季』連載(写真撮影、2012年)など。

辰巳明久(たつみ・あきひさ)
1958年北海道苫小牧市生。京都市立芸術大学美術学部／美術研究科デザイン研究室教授。おもな業績に2002〜04年CRISATEL PROJECT（EU本部助成デジタルアーカイブ研究）、2002〜06年大容量グローバルネットワーク利用超高精細コンテンツ分散流通技術の研究開発（NICT助成デジタルアーカイブ研究）、2004年台湾政府招待講演(台湾故宮博物院)、2005年ラ・トゥール展マルチメディアコーナー（国立西洋美術館）、2009年文化発信戦略検討委員会委員(文化庁)、製品開発、店舗開発、CI計画などを基軸としたデザインコンサルティングも多数てがける。

竹尾　稠(たけお・しげる)
1942年東京都生。株式会社竹尾代表取締役社長。1964年慶應義塾大学卒業、1968年ウェスタンミシガン大学卒業、同年株式会社竹尾入社、1975年取締役就任、1991年より現職。おもな公職として、日本洋紙板紙卸商業組合理事長(2000〜08年)、公益社団法人日本グラフィックデザイナー協会理事などをつとめる。

錦織禎徳(にしこり・さだのり)
1932年島根県生。島根大学名誉教授。放送大学島根学習センター所長(1996〜2002)。農学博士(京都大学)。瑞寶中綬章受章(2010年秋)。おもな業績に和紙の製造技術に関する研究など。

大江礼三郎(おおえ・れいさぶろう)
1928年東京都生。東京農工大学名誉教授。1953年東京大学農学部卒業。1953年国策パルプ工業株式会社中央研究所、1972〜92年東京農工大学農学部林産学科。農学博士(東京大学)、技術士(化学部門・繊維素加工)。おもな受賞に通商産業大臣賞(リサイクル推進功労者)、紙パルプ技術協会賞(6回)、日本・紙アカデミー賞(1991年度)など。

宍倉佐敏(ししくら・さとし)
1944年静岡県沼津市生。株式会社「紙の温度」顧問、女子美術大学非常勤講師、日本鑑識学会会員(紙の分析)。おもな著書に『高野山正智院伝来資料による中世和紙の調査研究』(共著、特種製紙、2004年)、『和紙の歴史-製法と原材料の変遷』(印刷朝陽会、2006年)、『国立歴史民俗博物館蔵　古文書・古典籍の調査』(『国立歴史民俗博物館研究報告』第160集、2010年)、『必携　古典籍・古文書料紙事典』(八木書店、2011年)など。

藤森洋一(ふじもり・よういち)
1947年徳島県生。「阿波和紙」伝統工芸士。一般財団法人阿波和紙伝統産業会館理事長、阿波手漉和紙商工業協同組合理事長。

岡田英三郎(おかだ・えいさぶろう)
1942年京都府生。元日本・紙アカデミー常務理事。おもな編著書に『紙と加工の薬品事典』(分担執筆、テックタイムス社、1991年)、『くわんこんし』(私費出版、2002年)、『紙はよみがえる』(雄山閣、2005年)など。

木村照夫(きむら・てるお)
1950年京都府生。京都工芸繊維大学大学院工芸科学研究科教授、同大学未利用資源有効活用

研究センター長。一般社団法人日本繊維機械学会会長。同学会繊維リサイクル技術研究会委員長。NPO法人未利用資源事業化研究会理事長。おもな研究テーマに繊維リサイクル、環境調和型複合材料、未利用資源の有効活用など。

尾鍋 史彦（おなべ・ふみひこ）
1941年滋賀県生（東京都出身）。東京大学名誉教授（製紙科学）。元日本・紙アカデミー会長、前日本印刷学会会長。1967年東京大学農学部林産学科卒業後、大学院を経てマギル大学（モントリオール、カナダ紙パルプ研究所所属）留学、フランス政府給費留学生としてCentre Technique du Papier（グルノーブル）客員研究員。専門は紙科学および応用分野である塗工、印刷、画像、包装および周辺の認知科学、紙文化、メディア理論など。おもな業績・著書に放送大学テレビ特別講義『紙の文化学』講師、『紙の文化事典』（総編集、朝倉書店、2006年）、『紙と印刷の文化録』（印刷学会出版部、2012年）など。

中西 秀彦（なかにし・ひでひこ）
1956年京都府生。中西印刷株式会社専務取締役。大谷大学・立命館大学・同志社大学非常勤講師、日本出版学会理事、博士（創造都市、大阪市立大学）。主な著書に『活字が消えた日』（晶文社、1994年）、『本は変わる！―印刷情報文化論―』（東京創元社、2003年）、『我、電子書籍の抵抗勢力たらんと欲す』（印刷学会出版部、2010年）、最新刊で『学術出版の技術変遷論考』（印刷学会出版部、2011年）など。

片山 寛美（かたやま・ひろみ）
1949年北海道札幌市生。Hiromi Paper, inc.代表。1986・87年にカリフォルニア州立大学サンタバーバラ校のArt Departmentに客員講師として招聘されpaper makingとDrawingを教える一方で、アメリカにおける和紙の実情をリサーチする。1988年、ロサンゼルスにてHiromi Paper International, inc.を設立。以後和紙の輸入・紹介を通して、和紙、和紙の作り手と海外のユーザーの橋渡しをめざし、今日に至る。2008年、社名をHiromi Paper, inc.に改名。

索　引

あ

藍紙	41
「Akari」	86
麻	40, 106, 107
安部榮四郎	86, 110
アマテ樹皮紙	56
アルカリ性紙	34, 35
アワガミ	124
阿波和紙	124
アングルカラー	101

い

イサム・ノグチ	85
板紙	127
色麻紙	38
岩田清美	87
岩野製紙所	71
岩野平三郎	11, 41
印刷用紙	129

う

ウィリアム・エリオット・グリフィス	85
ウィリアム・エワート・グラッドストン	85
Wastepaper Ⅱ	128
上村六郎	10, 11
薄墨紙	41
薄紅紙	41
薄美濃紙	50

打雲（打曇）	39
打雲紙	40
内山晋	10
初水	107
雲華紙	41
雲芸紙	41
雲竜紙	41

え

衛生用紙	129
H. レンツ	55
A. C. クルイット	55
絵紙	38
越前紙	70
越前麻紙	33
『延喜式』巻13「図書寮式」	105
エンゲルベルト・ケンペル	85

お

王子ペーパーギャラリー　（王子ペーパーライブラリー）	92
黄土紙	41
「王勃詩序」	38
大川昭典	63
大阪芸術大学	94
大沢忍	10, 11
大濱紙	33
尾背	52
オボナイ紙	41
折り伏せ	50, 51

か

カーボンニュートラル	158
化学漂白紙	78
カジノキ	57〜60
加飾紙	38, 41
株式会社竹尾	92
『KAMI』	
（日本・紙アカデミーニュース）	11
紙造形	146
紙の博物館（製紙記念館）	9, 11
紙の文化学	141, 142, 146
紙屋院	106
紙屋宗二	49
唐紙	70
雁皮	39, 40, 50, 106〜109
雁皮紙	86, 110

き

喜多俊之	93
京都工芸繊維大学	90
京都精華大学	90
金泥書	62, 63

く

苦参	106, 107
久米康生	105
Crown Point Press	154
『グラッドストン氏の和紙』	83
クラフトパルプ化法	158
黒崎彰	91
黒谷和紙	52

け

「賢愚経」	120

こ

『工芸』	6, 9, 10
工芸紙	78
小路位三郎	3, 41
楮	32, 39, 40, 50, 59, 61, 84, 106〜108
楮紙	33, 32
楮繊維	63
高知県立紙産業技術センター	63, 64
Kozo Thick paper	154
「五月一日経」	118
黒液	158
国際紙会議（IPC）'83	8, 11
国際テキスタイルネットワークジャパン	86
古紙	128, 160
小林尚美	87
混合紙	50
「金光明最勝王経」	62, 65
混抄紙	39

さ

『最新製紙工業』	114
雑誌古紙他	129
酸性紙	34, 35

し

G. Banik	112
ジェームス・モロー	85
Gemini G. E. L.	154
『紙業雑誌』	9
地紙	41
渋沢栄一	9
ジャパン・ソサエティ（ニューヨーク）	86
「重修物外盧記」	41, 42
寿岳文章	6, 10, 11, 84
出版デジタル機構	146
樹皮紙	55〜59, 61
省エネ	161, 162
上質古紙	129
正倉院	117

「正倉院宝物特別調査　紙（第2次）調査報告」	42	装飾和紙	142
正倉院文書	80	**た**	
正倉院文書料紙	38	ダード・ハンター	12, 56〜58
植林	158, 160, 161	タイ楮	33
女子美術大学	90	「大小王真跡帳」	38
『白樺』	10	「大智度論経」	118
紙話会	9, 10	大典紙	41
人工林	160	Tyler Graphics	154
新聞古紙	129	大礼紙	41
新聞紙	129	竹尾ペーパーショウ	102〜104
新村出	6, 10, 11	竹尾ペーパーワールド	103
す		TAPPI	128
スーキー・ヒューズ	86	田中孝明	87
漉簀	39	多摩美術大学美術館	86
杉本一樹	107	ダルワン	55, 56, 61
捨て水	105, 107	段ボール	127
「Structure and Surface（構造と表層）」	86	段ボール古紙	129
せ		**ち**	
製紙記念館	7	地球環境	157, 158
製紙原料構成	160	中性紙	34
『製紙工業』	114	調子	107
製紙産業	157, 158, 160〜162	**つ・て**	
製紙所連合会	9	槌田敦	130
「製紙における繊維と水の科学」	112	電子ペーパー	145, 146, 149〜152
栖鳳紙	71	**と**	
関彪	9, 10	謄写版原紙	110
関義城	10, 11	「東大寺献物帳屏風花氈」	38
芹沢銈介	6	「東大寺献物帳藤原公真蹟屏風」	38, 39
セルロース	142	「東大寺天平切」	119
全国手すき和紙連合会	3	「東大寺封戸処分勅書」	39, 42
そ		通文	39, 40
総裏打ち	52	「杜家立成雑書要略（光明皇后御書）」	38
装潢師	48	禿氏祐祥	10, 11

「鳥毛篆書屏風」	38
トロロアオイ粘液	109

な

中裏打ち	52
中嶋慶次	11
中野恵美子	87
成田潔英	10, 11

に

『日本誌』	85
日本製紙連合会	128, 129
『日本の下層社会』	84
ニューヨーク現代美術館(MoMA)	86

ぬ・ね

布	106
ネリ	106, 107, 109, 110

は

バイオエタノール	157, 158
バイオマスエネルギー	158, 159
白紙	41
橋本凝胤	11
肌裏打ち	50, 51
パピルス	141
浜田徳太郎	10, 11
原弘	101
春木紙	41
『パルプ・紙・レーヨン』	114
"Pulp and Paper"	113
"Pulp Technology and Treatment for Paper"	113
ハンス・シューモラ	83

ひ

飛雲	39, 40
『百万塔』	11
「百万塔陀羅尼」	119
『百工比照』	70

ふ

「Pouvoirs du papier(紙の力)」	143
深田繁美	41
吹き絵紙	38
復元補修紙	50
古田行三	153, 155
古糊	51

へ

"Paper and Water, A Guide for Conservators" (紙と水)	112

ほ

「法隆寺献物帳」	39, 40
補修紙	49

ま

前田綱紀	70
町田誠之	7, 11, 105
繭	87

み

美栖紙	51
三椏	50
三椏紙	110
美濃・紙の芸術村	80, 81
美濃紙	70
美濃和紙	80
美濃和紙あかりアート展	81
ミラノサローネ	93
民芸	6, 121
『民藝』	10

も

木材	142

や

柳宗悦　　　6, 10, 11, 84〜86, 88, 110

ゆ

ULAF　　　154
友禅和紙　　　78
湯山賢一　　　105, 107

よ

洋紙　　　141
羊皮紙　　　141
横山一也　　　65
横山大観　　　11
吉岡敦子　　　87

ら

羅文　　　39, 40

り

リサイクル紙　　　132
料紙　　　142
凌純声　　　55

る・れ

ルイ・ロベール　　　114
レスター・ブラウン　　　130

わ

World Crafts Council（WCC）'78 京都
　　　13
『和漢三才図会』　　　70
和紙　　　32, 83〜88, 141, 142, 144, 146
"Washi : The World of Japanese Paper"
　（和紙：日本の紙の世界）　　　86
『和紙研究』　　　3, 6, 10
和紙研究会　　　6, 9, 10
『和紙談叢』　　　10
『和紙の美』（「和紙の美」）　　　6, 10, 84
『和紙風土記』　　　84
わたなべひろこ　　　86

紙―昨日・今日・明日
（かみ　きのう　きょう　あす）
日本・紙アカデミー25年の軌跡
（にほん　かみ　　　　　　　ねん　きせき）

2013（平成25）年9月20日発行

定価：本体2,000円（税別）

編　者　日本・紙アカデミー

発行者　田中　大

発行所　株式会社　思文閣出版
　　　　〒605-0089 京都市東山区元町355
　　　　電話 075-751-1781（代表）

印　刷
製　本　株式会社　図書印刷　同朋舎

© Japan Paper Academy, 2013　ISBN978-4-7842-1704-5　C3058